图 2-3　道路交叉口三角地、桥下空间利用(许融 摄)

图 2-5　法政右巷口袋公园(许融 摄)

图 2-9　高德置地春广场垂直绿化现状

图 2-15　深圳 1979 文化生活新天地垂直绿化现状

图 2-18　船景街街头绿地现状

图 2-23　大三巴牌坊附属绿地现状

图 2-24　望德圣母湾街通道现状

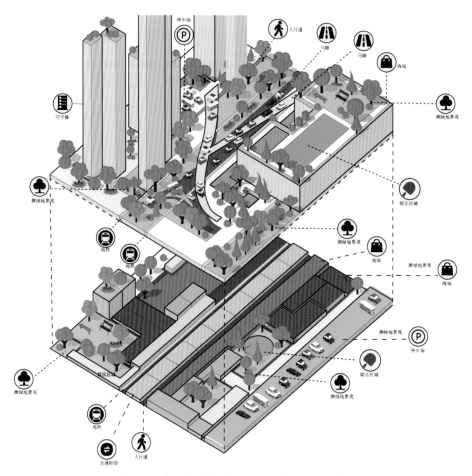

图 3-1　高密度城市紧凑型空间特征(张瑞 绘)

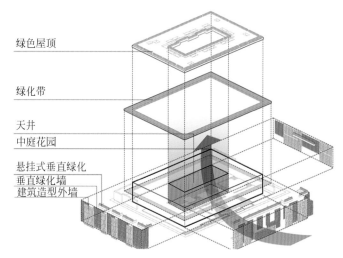

图 3-5　高空型绿化设计

图 3-10　雨水花园

图 3-16　科默儿童医院游戏和疗愈花园

图 3-17　新华路口袋公园

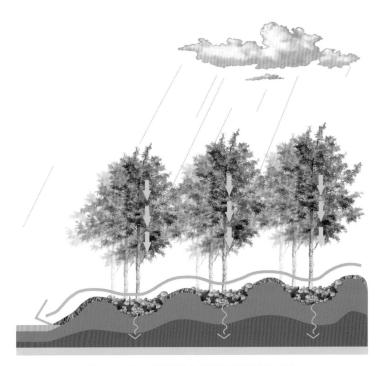

图 4-5 雨水元素带来的微气候（尹婕 绘）

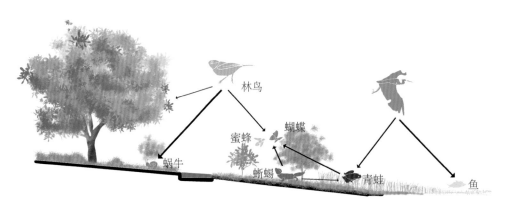

图 4-8 环境的自循环功能（郑钰怡 绘）

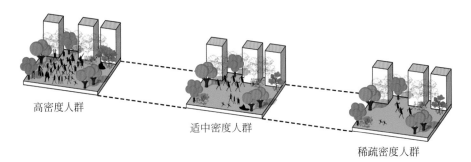

图 4-14 不同密度下的公共绿地空间（张瑞 绘）

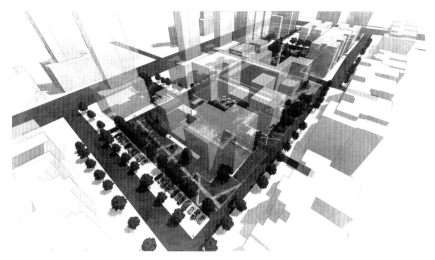

图 5-9　街头微绿地鸟瞰图

图 5-29　市民活动交流空间设计

图 5-30　儿童活动空间设计

图 6-13 巷道家具

图 6-28 佩雷公园可移动的座位区

图 6-39 首尔路 7017 天空花园鸟瞰图

珠三角
高密度城市

微绿地
景观艺术

常娜 著

清华大学出版社
北京

内 容 简 介

珠三角地区集中了多个高密度城市。在建筑与人口的用地条件制约下,建设较大规模的集中式绿地条件十分有限。城市不仅在建筑与人口方面,而且在人居环境空间方面呈高密度发展的趋势,极大地加重了城市园林绿地的承载力。在以生态、绿色为时代形势和发展的前提下,景观设计者肩负着责任和使命,必须认真研究高密度环境带来的积极作用和消极问题,将如何设计有益且适宜的城市景观空间作为重要工作开展。因此本书在对高密度城市的社会和环境问题进行充分的解读与分析之后,提出了微绿地在高密度城市中的价值和意义。本书分析并总结了已有各类微绿地景观,并围绕微绿地景观的空间形态、表现方式及空间构建展开阐述,提出微绿地景观的设计方法,并在最后对专题个案进行了详细剖析。

本书适合景观设计、风景园林学、城市规划、环境设计等专业师生学习参考,也可作为相关从业人员的实际设计参考资料。

本书封面贴有清华大学出版社防伪标签,无标签者不得销售。

版权所有,侵权必究。举报:010-62782989,beiqinquan@tup.tsinghua.edu.cn。

图书在版编目(CIP)数据

珠三角高密度城市微绿地景观艺术/常娜著. —北京:清华大学出版社,2021.6(2023.7重印)
ISBN 978-7-302-58224-3

Ⅰ. ①珠…　Ⅱ. ①常…　Ⅲ. ①珠江三角洲—城市绿地—景观设计—研究　Ⅳ. ①TU985.2

中国版本图书馆 CIP 数据核字(2021)第 096239 号

责任编辑:王　琳
封面设计:尹　婕
责任校对:宋玉莲
责任印制:丛怀宇

出版发行:清华大学出版社
网　　　址:http://www.tup.com.cn,http://www.wqbook.com
地　　　址:北京清华大学学研大厦 A 座　　　　　　　邮　　编:100084
社 总 机:010-83470000　　　　　　　　　　　　　邮　　购:010-62786544
投稿与读者服务:010-62776969,c-service@tup.tsinghua.edu.cn
质量反馈:010-62772015,zhiliang@tup.tsinghua.edu.cn
印 装 者:三河市龙大印装有限公司
经　　销:全国新华书店
开　　本:185mm×260mm　　　印　　张:14.25　　　插　页:8　　　字　　数:313 千字
版　　次:2021 年 6 月第 1 版　　　　　　　　　　　印　　次:2023 年 7 月第 4 次印刷
定　　价:68.00 元

产品编号:092294-01

前言

当今城市在建筑与人口的用地条件制约下，建设较大规模的集中式绿地条件十分有限。由于城市化进程的加快，城市人口密度不断增加。因此，城市发展正遭遇城市绿化不足、空间拥挤、居民生活与户外生活质量较差的现实困境。本书立足城市高密度现实提出了在现有高密度城市进行微绿地景观的设计研究，以珠三角地区 4 个高密度城市广州、深圳、香港和澳门为研究对象，从宏观向微观进行了微绿地景观的调研和分析，概括总结了高密度城市微绿地景观常见的多个类型。本书研究的微绿地景观，特指产生于高密度城市中各种线状、点状及立体的，尺度在 10 000m² 以内的城市绿地空间的统称。针对高密度城市亟须微绿地景观的建设与改进，本书对高密度城市建成的微景观进行分类研究，通过结构化观察与田野调查法、问卷调查法、图形阐述法及场地实际测量相结合的方法，总结了高密度城市微绿地空间的设计方法、思考与建议，为缓解高密度城市发展与绿地空间不足之间的突出矛盾，增加高密度城市的绿量，改善现有高密度城市生态环境提供理论和实践依据。

本书基于笔者博士论文的研究内容，结合近期的相关设计案例的研究、理论分析和总结撰写而成。以生态导向的设计方法、定性与定量分析相结合等方法，对高密度城市微绿地几种常见的景观类型进行比较分析，对其功能、生态效应和空间优化途径和策略进行深入研究。本书共分 6 章，其中第 1 章对理解高密度城市对园林绿地影响的效果及特点进行了较为充分的梳理，包括与一般城市的园林绿地对比，提出高密度城市绿地微小化趋向及未来的发展。第 2 章，在对珠三角地区高密度城市微绿地景观建成环境调研的基础上，通过详细的观察和记录，分析总结了高密度城市微绿地景观的建设启示。

第 3 章,分析了微绿地景观的空间形态、空间风格以及空间建构。第 4 章,从微气候、植物设计和人群行为模式的角度分析了微绿地景观的设计内涵和要素。第 5 章,结合模型与实验,详细剖析了街头微绿地景观、人行步道微绿地景观和垂直绿化景观 3 类微绿地空间的场地特征、使用者感知偏好因素和场地生态效应,并总结出了相应的设计建议和设计作品。第 6 章,通过对国内外高密度城市微绿地景观归纳的 5 类经典范例,探讨和展现了其设计效果和影响。研究是从美学与科学整合的思路,体现艺术观到功能观、再到环境观的演进,梳理出适宜高密度城市微绿地景观设计的内容和方法。

笔者于 2013 年开始参与这一研究,多年来先后厘清了微绿地的概念,以及微绿地与高密度城市与可持续发展的相关性。在城市化持续稳定的加速发展时期,国家更从极高的战略角度提出生态文明建设,同时党的十九大报告中强调中国特色社会主义进入新时代,我国社会主要矛盾已经转化为"人民日益增长的美好生活需要和不平衡不充分的发展之间的矛盾",基于可持续发展的原则,并以提高城市居民的生活质量为目标,承载越来越多人口的城市如何提供更多更高品质的微绿地景观空间已经成为时代命题,而这一研究无疑将进入新的阶段。

本书主要围绕着高密度城市微绿地景观而进行一些基础性的研究工作,对于如何能更好地在设计实践中得到广泛应用,还需要不断积累案例和经验,希望得到相关研究机构、设计院或社会企业的协作和指导。由于本人的研究尚不全面,书中难免有疏漏和错误,在此恳请各位专家同行批评指正,本人定会不断钻研和改进,为高密度城市微绿地景观设计的研究尽一份绵薄之力。

本书得到了广东省普通高校省级重点科研项目(人文社科)"珠三角地区高密度城市园林绿地空间提升研究"(2018WZDXM001)、广州市哲学社会科学规划课题"提升广州城市中心区景观形象的微绿地创新研究"(2019GZYB28)、广东省哲学社会科学(共建项目)"现代视角下粤港澳大湾区城市群园林艺术传承研究"(GD18XYS29)的经费支持。

2019 年 10 月

目录

第1章 理解高密度城市园林景观

随着我国城市化的推进,探索高密度城市园林绿地空间的途径和模式等问题十分必要。本章介绍高密度城市的发展背景,包括高密度城市的园林绿地的特征,指出以"循环、共生、恢复生态系统"为目标的"城市紧凑化、高效化、立体化、复合化的绿地发展战略"为高密度城市园林绿地建设的重点,并对微绿地的概念、功能和面积进行了界定,总结了微绿地景观的研究目的、理论和实践意义。

1.1 备受关注的高密度城市研究

1.1.1 高密度是城市化发展的必然趋势

根据联合国人居署的统计数据,1970 年世界城市化水平只有37%,到 2000 年上升为 47%,到 2030 年,全球将有 60% 的人居住在城市中[1](见图 1-1)。高密度已成为城市"新型全球生活方式"。21世纪是全球城市化的世纪,大部分发展中国家仍将处于快速城市化的过程中,并推动世界城市的"高密度化"发展。我国人口规模庞大,是世界高密度城市的集中分布地[2]。我国预计城市化率已达到50%,超过世界平均水平,在未来 20~30 年内快速城市化的态势仍将继续[3]。

城市化引起大量人口进入城市,这对国家社会、经济和环境的各个方面都会产生深远的影响,给城市带来了巨大的压力。城市化是由比较分散、密度低的居住形式转变为较集中的、密度高的居住形式,从与自然环境接近的空间转变为以人工环境为主的空间形态。

① 城市化演进的一般规律和中国实践[OL].2016,3.https://max. book118. com/html/2016/1229/78105772.shtm.
② 李敏,叶昌东.高密度城市的门槛标准及全球分布特征[J].世界地理研究,2015,24(1):38~45.
③ 薛冰,鹿晨昱,耿涌,等.中国低碳城市试点计划评述与发展展望[J].经济地理,2012,(1):51~56.

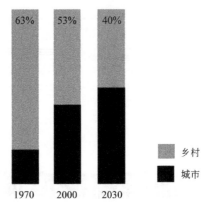

图 1-1　全球城市化程度

① 潘国成.香港的高密度发展
[J].城市规划,1996,(6):
11~12.
② 万汉斌.城市高密度地区地下
空间开发策略.[D].天津:天津
大学,2013:1.
③ 王龙,叶昌东,张媛媛.香港低
碳城市空间建设及其对高密度
城市建设的启示[J].广东园林,
2014,(6):33~37.
④ 吴文钰,高向东.中国城市人
口密度分布模型研究进展及展
望[J].地理科学进展,2010,29
(8):968~973.
⑤ 黄洁,钟业喜.中国城市人口
密度及其变化[J].城市问题,
2014,(10):17~22.
⑥ 吴人韦.支持城市生态建
设——城市绿地系统规划专题
研究[J].城市规划,2000,24
(4):31~33.
⑦ 魏清泉,韩延星.高密度城市
绿地规划模式研究——以广州
市为例[J].热带地理,2004,24
(2):177~181.

城市化作为一种现象并不是人类社会发展的目标,人们应能够享受城市环境发展和社会进步所带来的积极成果,促进人居环境和谐发展。高密度的城市社会环境已经来临,人口的高密度集聚不可避免。从长远和宏观的角度来考虑,大城市其实没有任何选择,高密度发展可以说是唯一的出路[4]。在城市高密度发展的背景下,人口高密度、建筑高密度、人居环境空间高密度三者交织在一起,对空间容量及需求猛增,从而产生了对城市高密度环境空间的巨大需求[5]。城市用地紧张是一个必须面对的现实,城市内可供绿化的空地较少,建筑加上铺装路面占城市用地面积达三分之二以上,剩下的不足三分之一,即使全部用来绿化也只能达到最低标准水平。在未来,甚至现在,中国的高密度城市已经呈现加速的状态。我国 50% 以上的人口集中在占全国国土面积 4% 左右的城市里,与西方国家城市相比,我国城市的人口密度更高、用地资源更加紧缺[6]。因此,以可持续发展和节约型社会的政策引导,关注有效和公平的绿地来服务满足快速增长的城市人口是高密度城市空间和环境建设模式的一种趋势。近年来,中国对低碳理念的研究和实践逐渐增多,城市人口密集、建设用地紧缺的基本国情决定了中国城市具有高密度发展的特征[7~8]。

1.1.2　高密度城市园林绿地研究的重要性

园林绿地是构成城市生存环境的基本要素,是城市中唯一接近于自然的生态系统。城市园林绿地的规划和建设是改善城市生态环境的重要手段,有着不可替代的经济与社会效益[9],是城市现代化和文明程度的重要标志。在高密度城市环境下建设较大规模的集中式绿地条件十分有限,相比低密度城市环境下的绿地建设,表现为人口更多、绿地偏少(见图 1-2)。城市绿地可达性较差及其生态效应欠缺等问题,正不断影响着城市环境的质量[10]。由于自然下垫面的减少,

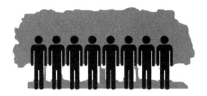

图 1-2 高密度城市园林绿地表现特征

导致气温变化剧烈、热岛现象严重、生物象贫乏等;建筑密度的增大和绿地面积的减少,严重影响了市民的生活品质[11]。随着我国城市化的推进,探索高密度城市园林绿地空间的途径和模式等问题十分必要。以"循环、共生、生态系统"为目标的"城市紧凑化、高效化、立体化、复合化的绿地发展战略"成为高密度城市园林绿地建设的重点。在此背景下,提出了高密度城市园林绿地发展的重要性,参见如下。

① 李树华.共生·循环——低碳经济社会背景下城市园林绿地建设的基本思路[J].中国园林,2010,26(6):19~22。
② 扬·盖尔,欧阳文,徐哲文译.人性化的城市[M].北京:中国建筑工业出版社,2013:81。
③ 蔺银鼎.对城市园林绿地可持续发展的思考[J].中国园林,2001,17(6):29~31。

1. 人性化维度

城市是由建筑和人组成的,人才是城市的主角。但是,随着全球城市化进程的扩张,高密度城市规划并没有完全考虑人的需求,没有为人们的行走、站立、坐下、观看、倾听及交谈提供良好的绿地空间。大型的公共绿地大部分建在城市郊区,由于时间和交通成本较大造成人们较少使用。同时,高密度的城市让人们无法拥有私家庭院,而人与城市之间最直接的接触存在于小尺度内,受人欢迎的、积极有活力的和精美的人性化尺度是近距离且在视平层范围之内。[12] 正是在这一尺度下,个体才能有条件享受城市的高质量。人性化维度在高密度城市被忽略。因此,应探索适用于高密度城市的绿地空间,关注个体,使个体与绿色环境相互交织,实现视平层面的高密度城市绿地空间环境。

2. 改善城市微气候环境

城市园林绿地的数量和质量从根本上决定了城市生态系统的调节能力,决定了改善更新城市环境的能力[13]。城市园林绿地(主要是以树木为主体,包括花卉、草坪及地被植物组成的植物)通过一系列的生态效应,包括吸附尘粒、降解毒物、增湿降温、遮阳等改善局部小气候等多种途径综合调节和改善城市环境。是对城市中原有自然环境的维护和提高,使市环境质量达到清洁、舒适、优美、安全的要求。当城市具有足够的绿色空间且能合理地分布形成系统时,城市环境将更加舒适,直接影响着城市居民的生活质量。

3. 增加城市绿化覆盖率

城市园林绿地的规划既要有宏观的视角,也要有微观的可操作的具体思路,即要有将二者相结合的整体发展思路。正确处理绿地率与绿化覆盖率的关系,绿地率是不可能无限制的增加的。在我国城市绿地率达到40%就已经不低了。在绿地率有限的情况下如何提高绿化覆盖率,是应该关注的问题[14]。保护现有的绿地,建造新的绿地时须合理选择植物种类,保证充足绿地面积的同时提高叶面指数(植物最突出的特征就是能够通过改变太阳辐射量降低城市热岛效应),以便城市园林绿地能够可持续发展。

4. 促进城市森林建设

高密度城市在建筑与人口高度密集的用地条件制约下,兴建大型公园和高标准大尺度绿化的规划愿景难以实现。整合城市中的小尺度园林绿地,小地大用、求精求巧、人地密接,积极构建网络化和多样化的绿地系统[15],是发展城市森林极为重要的构成要素,将发挥极大的作用。城市园林绿地建设是长期的事业,建设森林城市要用自然的时间和尺度来规划,要有 2050 年、2100 年、2300 年和 2500 年等远景规划[16]。风景园林在城市可持续发展中将发挥越来越重要的作用,没有园林的城市是不可想象的,园林绿化基础薄弱的城市可持续发展的能力就比较弱。如何在有限的绿地资源条件下发挥更好的效益是高密度城市研究的重点内容。

1.2 作为微绿地的高密度城市园林景观

1.2.1 高密度城市

密度是一个比较性的概念。密度的高或低,没有一个绝对标准。每个社会的历史、经济、教育、人民特性和要求、地理环境和其他实际情况不同。高密度发展较简单和常用的定义,就是在一块土地上安放最多的发展、人口和活动点[17]。为了开展本文的研究,以常用的人口密度,即数学密度来定义:城市人口密度=城市人口/城市面积,一般表示为每平方公里或每平方米的人口数量,也就是指单位面积内人口分布的稀密程度。基于对 Demographia 发布的 2012 年全球 1 513 个 50 万人以上城市人口统计数据的研究,有学者提出高密度城市的门槛指标为 15 000 人/km²。高密度城市意味着拥挤、制约、紧张和压力,等同于土地的负荷利用资源的穷尽式开采,公共与私人空间的无止境争夺。从城市环境与形态角度看,高密度包含以下四项因素:高建筑容积率或高层建筑密集;高建筑覆盖率;低开放空间率;高人口密度[18]。以上研究表明,评判高密度城市的基本标准是人口密度。人口的集中是城市的一种珍贵的资源,是一种积极的因素,因为这些人口是巨大的城市活力的源头。

① 包满珠.全球气候变化背景下的园林建设[J].建设科技,2009,(19):30~33.

② 李敏,肖希.澳门半岛高密街区纤维网状绿地系统规划探索[C].中国城市规划年会,2014.

③ 刘滨谊.城市森林在城乡绿化十大战略中的作用[J].中国城市林业,2011,9(3):4~7.

④ 潘国成.高密度发展的概念及其优点[J].城市规划,1988,(3):21~24.

⑤ 万汉斌.城市高密度地区地下空间开发策略[D].天津:天津大学,2013:16.

1.2.2　高密度城市绿地空间与一般城市绿地空间比较

城市绿地是指以自然植物和人工植物为主要存在形态的城市用地。它包含两个层次的内容：一是城市建设用地范围内用于绿化的土地；二是城市建设用地之外，对城市生态、景观和居民休闲生活具有积极作用、绿化环境较好的区域（城市绿地分类标准 CJJ/T85—2017）。城市绿地空间是指城市地区覆盖着生活植物的空间，能够从整体上概括城市绿化的全部内容：包括了城市地区的所有植物类型。地域范围有所扩大，作用也从传统园林、美化城市居住环境，到更多地发挥城市绿色空间的生态效应[19]。

一般城市在这里特指低密度城市，以空间蔓延增长为主的郊区化发展现象，城市的发展基本上是单一维度。主要从平面关系上看发展，一般城市绿地空间最有代表性的就是城市综合公园，通常为每个地块指定一种用途，例如风景名胜公园、儿童公园、历史名园等。这种传统的二维平面式园林绿地表现为：生态、景观和游憩环境较好、面积较大、服务半径大、环境类型多样。并且对各类绿地有明确规定，在面积、植物的比重等方面有相应的评价指标。城市综合绿地虽然具有大尺度、生态效应好等优势，但同时也产生了一个弊端，即那些呈线性分布的带状绿地、街道绿地以及由建筑、道路等围合的零散空间，有时在规划与建设中得不到相应的重视。高密度城市的空间环境特点表现为土地利用形态紧凑化、土地利用空间立体化，在高密度城市空间下，这些微绿地恰恰是城市绿地建设的重要资源。一般城市园林绿地中的综合性公园要求有着便利的交通条件，市民必须要有时间、有兴趣的情况下才能成行。居民与城市环境之间的相互关系相对被弱化，这样一方面不能更为全面地衡量城市环境的品质，另一方面也不能很好地满足关注户外生活、户外文化的需求。有学者对世界著名高密度城市纽约的中央公园和佩雷公园单位面积平均接待游客量做了一个统计[20]，中央公园平均每平方米每年接待 4 人，而以小尺度著称的佩雷公园平均每平方米每年接待 128 人（见图 1-3）。高密度城市微绿地更灵活，以突出居民的日常使用为主，从一般城市园林绿地被动型使用转换成主动性使用绿地。如果关注人的活动维度，应当是家庭—邻里—社区—城市—郊野的过程，视角应转移到最小的单元，关注人的感受，与市民建立更为亲密的关系。将城市绿地空间中的网络细节联系起来，整体上提升城市园林绿地的人性化。

高密度发展有很多优点，例如高效率、节约资源以及紧凑化。它可以节省用地、缩短上班的距离，节约能源，防止"钢筋混凝土丛林"

① 李敏，龚芳颖.适应超高密度城市环境的绿地布局方法研究：以澳门半岛为例［J］.广东园林，2011，33（6）：13～18.
② 周建猷.浅析美国袖珍公园的产生与发展［D］.北京：北京林业大学，2010：2.

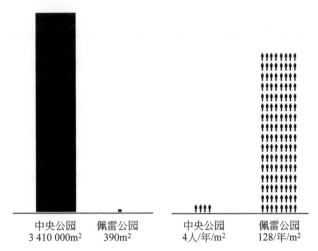

中央公园	佩雷公园	中央公园	佩雷公园
3 410 000m²	390m²	4人/年/m²	128/年/m²

图 1-3   中央公园与佩雷公园年均接待游客数据对比

无序蔓延，也利于保护自然环境。高密度不等于拥挤，反过来可以保证留出大量的公共空间，如绿地、公共设施、良好的公共交通等。在高密度城市发展中已取得的成果，例如绿道建设、立体绿化、口袋公园、高空园林等新的设计概念正是对城市环境空间结构进行重新认识后，综合的、多层次的和前沿的表达。研究微绿地和城市的关系，特别是对建成高密度城市微绿地的调查研究，对高密度城市环境空间进行总结和提炼具有建设性的成果，这些景观绿地即是景观设计师在城市极端高密度条件下获得的行之有效的应对策略和方法。但另一方面，高密度城市公共空间过度拥挤，而且空间质量不符合人类宜居的理想要求。在这样的背景下，如果以传统的方法应对高密度所带来的环境问题，可能会加剧环境的恶化。

通过对一般城市与高密度城市园林绿地的对比分析(见图1-4)，得出本文的关键问题是：探讨在高密度城市环境下找到更好的利用空间思路和理念，分析高密度城市园林绿地的特征，将高密度转换成有利的要素，解决密度与绿地需求的矛盾。在高密度城市当中更大限度的增加园林绿地，在空间上安排各种绿地类型并提高衔接度，使微绿地空间成为传统公园绿地的补充，重视城市绿地斑块建设，构建一个由众多微小斑块组成的一体化的城市生态绿地网络，以提升城市的环境品质为最终目标。

1.2.3   高密度城市绿地空间微小化趋向

高密度、人口多、资源有限，城市该如何提供空间，容纳人们的公共活动空间？高密度是我国城市建设与发展的现实选择，传统的"水平"式分区不再能满足高密度城市的需要，这意味着可用于园林绿化

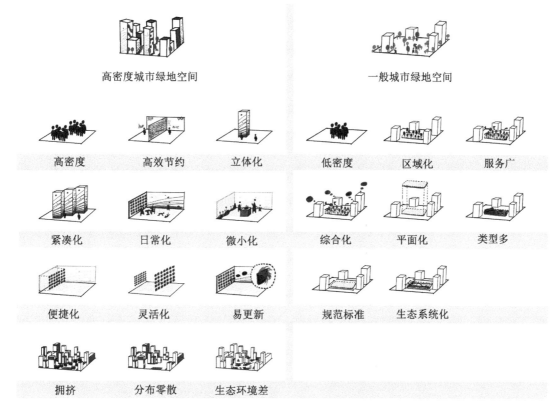

高密度城市绿地空间　　　　　　　　　　一般城市绿地空间

高密度	高效节约	立体化	低密度	区域化	服务广
紧凑化	日常化	微小化	综合化	平面化	类型多
便捷化	灵活化	易更新	规范标准	生态系统化	
拥挤	分布零散	生态环境差			

图1-4　高密度城市绿地空间与一般城市绿地空间对比（郑钰怡 绘）

的土地越来越少,扩展机会更小[21]。尤其在城市中心区,是人口最稠密、各类要素集中的区域。中心城区的绿地绝对面积较少,以小面积的点状绿地为主。微绿地可弥补现有的城市缺陷和城市绿化不足[22~23],能够缓和高密度导致的拥挤和心理压力,同时也会使得绿地空间的使用频率增高[24]。近几年许多研究转向对城市小型公园绿地空间的关注,这些小尺度的城市绿地空间优势在于提高游憩绿地的可达性,增加生态容量和绿色斑块的连接度,形成网状结构,平衡市民广场和城市公园在空间分布上的不足问题,同时达到个性化城市的回归,对城市公共空间系统起着"有效补充"[25]。除了功能明确的小型公园绿地,也可以利用一些微小的边角空间进行绿地开发。例如道路交叉口三角地、环岛、高架桥下剩余空间、过街天桥升降部分下方的空间等城市交通功能空间的边缘地带,还有过渡空间、边缘空间、剩余空地或是废弃地[26]。这些边角空间往往由于地理位置较为偏僻或是面积过小不易引起人的注意而受到忽视,未加以利用。但是随着城市人口密度日趋增长,在这种高密度城市环境下,城市空间变得拥挤,对希望在城市中寻找心灵安宁空间的人们来说,城市中的每一个角落都显得尤为宝贵。随着密度的进一步提高,城市三维立

① 陈昌勇.空间的"接驳"——一种改善高密度居住空间环境的途径[J].华中建筑,2006,24(12):112~115.

② 仇保兴.复杂科学与城市的生态化、人性化改造[J].城市规划学刊,2010,(1):5~13.

③ 李楠.浅析高密度城市环境下的边角空间[J].文艺生活·文海艺苑,2010,(8):153~154.

④ 魏钢,朱子瑜.浅析澳门半岛公共空间的改善策略[J].城市规划,2014,(38):64~69.

⑤ 陈静.基于生物群落多样性的高密度城区微绿地设计探讨[J].风景园林,2014,(1):59~62.

⑥ 王林峰.城市"边角空间"集约利用探讨[J].建筑之道:和谐节约·第五届全国建筑与规划研究生年会论文集,2015(6):468~472.

① 仇保兴.重建城市微循环——一个即将发生的大趋势［J］.城市发展研究,2011,(5)：1～13.

体化系统是解决城市高密度问题的有效手段之一,现代高密度城市空间体现出几何化和多维连续化的发展趋势,例如各类建筑物、构筑物和桥梁等采用的立体绿化形式[27]。微绿地是城市园林绿地"规模、密度、生态含量"的三个转变。首先规模小;其次密度大,增加绿地类别,例如垂直绿化,增加植物的数量、覆盖面等;最后,创造生态环境条件,增加生物多样性以及改善日照、通风、水循环等。这几点互相关联。以上论证说明：高密度城市可利用的空间资源趋向微小化。

1.2.4　微绿地景观

1. 相关规范

参考我国《公园设计规范》中,居住小区的游憩绿地作为我国公园规范中面积最小的公园,一般大于 0.5hm² 的规定,依据《城市居住区规划设计规范》《城市绿地分类标准》《公园设计规范》中与微绿地规模相仿的各类绿地的分类和界定(见表 1-1),对本书的"微绿地空间"进行概念、功能、面积的界定。尽管国内行业标准对各类小尺度绿地的分类标准不统一,概念上存在差异,但其功能、内容及形式的规范具有一定相似性。

表 1-1　各类绿地的分类和界定

行业标准/编号	类型	面积	绿化面积	设置内容	服务半径
城市居住区规划设计规范/7.0.4-1	居住区公园	最小规模 1.0hm²	不宜小于 70%	园内布局应有明确的功能划分	0.3km 0.5km
城市居住区规划设计规范/7.0.4-1	小游园	最小规模 0.4hm²	不宜小于 70%	花木草坪,花坛水面,雕塑,儿童设施和铺装地面	—
城市居住区规划设计规范/7.0.4-1	组团绿地	最小规模 0.04hm²	不宜小于 70%	花木草坪,桌椅,简易儿童设施等	—
城市居住区规划设计规范/7.0.4-1	块状带状公共绿地	宽度不小于8m、面积不小于 400m²	—	—	0.3km 0.5km
城市绿地分类标准/G122	小区游园	—	—	—	—
城市绿地分类标准/G15	街旁绿地	—	大于等于 65%	—	—
公园设计规范/2.2.9	居住区公园和游园	大于 0.5hm²	—	—	—
公园设计规范/2.2.11	街旁游园	—	—	配置精美的园林植物为主,讲究街景的艺术效果并应提供短暂休憩的设施	—

2. 文献中关于微绿地的定义

微绿地是城市各种边角空间中的一种新的绿地形式,是城市绿地系统的重要组成部分,作为城市中的微观环境,特指规模很小的城市绿地空间,常呈斑块状散落或隐藏在城市结构中。一般认为面积小于 1hm² 的城市绿地都可以称为微绿地[28]。微绿地是面向公众开放的小尺度公共空间,可以为附近市民提供休憩放松和聚会交流的场所。微绿地包括小型公园绿地、街旁绿地或者附属绿地以及各类建筑物、构筑物、桥梁(立交桥)等的屋顶、天台、阳台等面积有限的立体绿化形式[29]。城市微空间的活动人数通常在 200 人以内,服务半径约 1 000m,场地面积几百到几千平方米不等且相对独立。微绿地空间分散于城市中各主体空间的周围,与主体空间相连,是连接各功能空间的过渡空间带。这些微绿地点缀着整个城市,可以增加城市生气与活力,创造出人性化、高品质的生活环境,满足人们日常生活交往、情感交流的需求。微绿地是以街头绿地、小型广场、高空绿化、道路人行道的绿地等形式出现的小型外部公共空间,具有分布密度高、与城市生活结合紧密、可达性强的优点。合理有效地利用好微绿地空间也可缓解当今城市环境空间中存在的高密度拥挤状况。微绿地空间的研究是对城市环境与人的关系的一次重新认识,实现人与人、人与绿地环境、人与社会的对话沟通。目前,还没有对微绿地有一个明确的定义。

① 陈静.基于生物群落多样性的高密度城区微绿地设计探讨[J].风景园林,2014,(1):59~62.
② 仇保兴.重建城市微循环——一个即将发生的大趋势[J].城市发展研究,2011,(5):1~13.

3. 本书微绿地空间的概念界定

结合本书的研究目的,参考我国相关规范并综合国内外学者对于各类小游园、居住区公园、街旁绿地及口袋公园等绿地范围界定的研究和总结之后,得出本书研究的微绿地景观,特指产生于高密度城市中各种线状、点状及立体的,尺度较小的城市绿地空间的统称。其用地规模接近于袖珍公园、口袋公园等,微小、分散、多样化、碎片化、细长是其形态特征。具有可达性强、数量多的布局特点。面积小于 10 000m²,能为居民和游客提供游憩功能、公共交往,且能美化环境、调节土地使用密度并具有生态效应的绿地空间定义为微绿地景观。

1.3　从国内外实践到研究发展

1.3.1　国外相关实践及研究

与微绿地景观内涵对应的有口袋公园(*pocket park*)、袖珍公园(*mini park*)、邻里公园(*neighborhood park*)等小尺度城市绿地空间。美国的口袋公园概念始于 1963 年风景园林师罗伯特·宰恩在纽约公园协会组织的展览会上的"为纽约服务的新公园"提议。它的原型是建立散布在高密度城市中心区的呈斑块状分布的小公园。早在20世纪60年代,宾夕法尼亚大学风景园林系的师生在麦克哈格(Ian McHarg)教授的带领下,共建立了60多个口袋公园。面积800～8 000m² 不等,以关注儿童和老年人的使用为主,弥补城市有限的公共设施。*People Places—Design Guidelines for Urban Open Space* 一书中详细讨论了口袋公园的设计及发展,从场地的选择、入口的处理、边界的处理、功能区的分布、植物种植设计等方面进行讨论。20世纪70年代,西班牙巴塞罗那在开展改善旧城面貌建设中对废弃地进行改造设计,营造了大量小型开放空间为市民提供休憩之用,较早地引用了口袋公园建设模式。英国的口袋公园计划,目的是改善城市绿色空间,提出"乡村在门外"的概念,公园面积在 0.04～35hm² 之间。伦敦市启动的"大户外"工程,在 2015 年建成或完善 100 个袖珍公园(小于 0.4hm²),用来改善伦敦街道、广场、公园和滨河空间环境质量。已经建成的 60 个袖珍公园,形式多种多样,包括公交车站、蔬果点以及社区果园等。口袋公园作为狭小的绿色斑块,仍然能够为城市提供可渗透的地表界面,同时为小动物,尤其是鸟类提供廊道。欧美学术界认为袖珍公园和邻里公园的大小是一个宅基地面积,一般为 1hm² 之间。世界上一些有影响的相关文献转向对较小的城市公园的关注。如 *Urban Forestry & Urban Greening* 就有多篇学术论文研究城市中的一些小型公园,其中 *Peschardt* 总结出 "*Small Public Urban Green Spaces in dense city areas might contribute to satisfy the need for everyday experiences of outdoor areas*[30]."(高密度城市中的小型公共城市绿地有助于满足户外日常体验的需要)"*In densifying cities, small green spaces such as pocket parks are likely to become more important as settings for restoration.*[31]"[在人口密集的城市中,小型绿地(如袖珍公园)有可能成为对环境修复更为重要的作用]还有许多的调查研究发现,微绿地具有空间修复能力并且使城市空间越来越致密。居民的健康水平与居住区绿地数量成正比,绿地周边 1km 到 3km 范围内的居民自我感觉更健康。公园离家近,意味着常常被参观,距离决定了使用频率,远距离意味着更少的使用。

① Peschardt K K, Schipperijn J, Stigsdotter U K. Use of small public urban green spaces[J]. Urban Forestry & Urban Greening, 2012,(3):235～244.
② Nordh H, Hartig T, Hagerhall C M, Fry G. Components of small urban parks that predict the possibility for restoration[J]. Urban Forestry & Urban Greening, 2009,(8):225～235.

1.3.2　国内相关实践及研究

2011 年,住建部副部长仇保兴在城市发展与规划大会上提出城市转型和生态城规划建设的十项新原则,微绿地建设是其中之一。2014 年,我国北京朝阳区也计划整合街头道路绿地和广场,试点建设

10 处为社区居民服务的口袋公园。南京老城作为一个建筑和人口密度较高、城市用地趋紧的城区,其点状绿地的作用已经受到高度重视,绿地建设呈现出不断加速的趋势,绿地系统的结构和功能不断得到完善。2016 年 2 月国家公布了未来城市规划的内容,不再建封闭小区,推广街区制,提高城市交通的微循环,形成开放式的环境。由此可能会出现更多城市边角空间、小花园。

　　目前,国内对高密度城市微绿地空间的专门研究较少(见表 1-2),相关研究主要集中在香港、澳门。在中国期刊全文数据库,输入微绿地、街头绿地、口袋公园、步行道路绿地、垂直绿化等关键词进行检索,结果表明,在近五年关于街头绿地的文献研究逐年增加,其次是关于口袋公园和步行道路的研究也较丰富,关于微绿地的研究相对较少。理论研究滞后于适应高密度城市的小尺度公共空间的发展现状。

① 潘国成.高密度发展的概念及其优点[J].城市规划,1988,(3):21~24.
② 朱竹韵,吴素琴.北京市街头绿地调查[J].中国园林,1995,(11):37~44.
③ 刘滨谊,余畅,刘悦来.高密度城市中心区街道绿地景观规划设计——以上海陆家嘴中心区道路绿化调整规划设计为例[J].城市规划,2002,(1):60~62.
④ 陈昌勇.空间的"接驳"——一种改善高密度居住空间环境的途径[J].华中建筑,2006,24(12):112~115.
⑤ 张鸶鸶.袖珍公园在当代城市公共空间的应用[D].成都:西南交通大学,2007:1~24.
⑥ 林展鹏.高密度城市防灾公园绿地规划研究——以香港作为研究分析对象[J].中国园林,2008,24(9):37~41.
⑦ 王佳成.高密度城区点状绿地研究——以南京老城为例[J].城市规划,2008(4):69~73.
⑧ 王进.城市口袋公园规划设计研究[D].南京:南京林业大学,2009:23~45.

表 1-2　相关理论研究

研究空间	地点	研究内容
紧凑空间	香港	结合香港实际,阐述了高密度的含义。提出楼外高密度与室内挤迫感的差别,以及高密度发展与高层发展之间的关系。着重分析了高密度发展在现代城市建设中的六个优点[32]
街头绿地	北京	对北京市 79 处街头绿地做了调研,包括植物、园林建筑和有人情况[33]
街道绿地	上海	以上海陆家嘴中心区道路绿化调整规划设计的研究为例,对高密度城市中心区街道绿地景观规划设计中的若干问题作逐一探讨[34]
过渡空间	香港	研究如何通过空间的驳接来改善高密度居住环境,分析了其可行性及空间驳接的具体操作方法,并选择特定的城市区域进行了概念设计[35]
袖珍公园	—	通过对袖珍公园及其相关概念的阐释,介绍了袖珍公园的概念及起源和发展,探讨了东西方传统园林中小园林的设计手法及艺术表现形式[36]
城市公园	香港	以高密度城市香港作为研究对象来分析城市防灾绿地公园规划,对防灾的重要性以及防灾公园规划应考虑的基本条件(空间、植物、措施等方面)等进行了探讨[37]
点状绿地	南京	针对我国高密度城区点状绿地规划和建设中所面临的种种矛盾,对南京老城内的点状绿地进行了实地调研,结合国内外相关经验进行了具体分析,以此为基础,对高密度城区点状绿地的建设提出了相关建议[38]
口袋公园	江苏	对城市口袋公园的价值和范畴进行研究和界定,对国内外口袋公园的理论发展进行分析,结合风景园林等相关学科的基础理论,对口袋公园的规划布局及设计进行研究[39]

研究空间	地点	研究内容
步行空间	香港	通过汲取香港中环地区步行体系的成败经验,提出高密度城市中心区的步行体系发展策略:建立层级化的步行体系网络结构,构筑高连通性的复合步行体系,提倡多功能的步行体系空间使用,合理设置和利用步行体系节点[40]
边角空间	—	以高密度城市环境下的边角空间为研究对象,探讨其涵盖范围、形成背景等特征,找出城市环境边角空间存在的社会价值与作用,结合城市设计相关理论、国内外现存的案例进行分析,寻找处理此类空间的设计思路[41]
小型绿块	澳门	以澳门半岛的超高密度城市环境为研究对象,探索适应此类城市环境的绿色空间拓展途径[42]
地下空间	北京	分析高密度城市地下空间在延伸城市功能、建筑空间组合、地下轨道交通与地下停车的空间组合的方法及实践,论证城市地下空间与地上空间融合的创新与规划设计[43]
立体绿化	香港	对城市空间紧凑化的解析,总结了高密度城市环境下积极的空间利用策略,提出用立体三维组织和构建城市空间是紧凑化发展行之有效的方法之一[44]
步行环境	香港	透过香港特殊区域案例,探讨城市的步行环境、发展世界级步行城市的基本元素及设计策略[45]
微绿地	—	从生物群落多样性保护和利用的角度出发,探讨了服务于高密度城区的微绿地设计原则,提出了微绿地设计应本着"小而精"的原则,而不是追求"小而全",这样才能更好地维护微绿地的生物群落稳定性,使其更好地为提高高密度城区生态环境的品质和宜居性服务[46]
社区公园	澳门	以亚洲典型的高密度城市澳门为例,重点结合半岛的社区公园进行案例分析,归纳出高密度城区社区公园在营造上的特色[47]
高空绿化	香港	对香港城市高空绿化实践现状及经验进行了简要综述,旨在为国内大型城市高空绿化设施推广建设提供相应借鉴[48]
微绿空间	澳门	对高密度城市澳门新增绿地的布局规律进行探索,并提出一定的规划策略,分析发现,近5年澳门半岛绿地增量主要表现在微绿空间的形式、面积、绿斑个数、平均绿斑面积等指标与街区人口密度内在的相关性分析[49]
微空间	南京	分析了高密度旧城区的微空间具有与生活结合紧密、便利的优点,进行了微空间与老年人的行为活动调查与空间形态的数据分析[50]

① 郭巍,侯晓雷.高密度城市中心区的步行体系策略:以香港中环地区为例[J].2011,27(8):42,45.

② 李楠.浅析高密度城市环境下的边角空间[J].文艺生活・文海艺苑,2010,(8):153～154.

③ 李敏,龚芳颖.适应超高密度城市环境的绿地布局方法研究——以澳门半岛为例[J].广东园林,2011,33(6):13～18.

④ 万汉斌.城市高密度地区地下空间开发策略[D].天津:天津大学,2013.

⑤ 凌晓红.紧凑城市:香港高密度城市空间发展策略解析[J].规划师,2014,12(30):101～105.

⑥ 吴家颖.高密度城市的步行系统设计——以香港为例[J].城市交通,2014,(2):50～58.

⑦ 陈静.基于生物群落多样性的高密度城区微绿地设计探讨[J].风景园林,2014,(1):59～62.

⑧ 佘美萱,李敏.高密度城市绿色空间拓展途径研究——以澳门为例[J].福建林业科技,2014,(3):161～166.

⑨ 史源,吴恩融.香港城市高空绿化实践[J].中国园林,2014,(5):86～89.

⑩ 肖希,李敏.澳门半岛高密度城市微绿空间增量研究[J].城市规划学刊,2015,(5):105～110.

⑪ 金俊,齐康,白鹭飞,沈骁茜.基于宜居目标的旧城区微空间适老性调查与分析——以南京市新街口街道为例[J].中国园林,2015,(3):91～95.

1.3.3 研究微绿地景观的目的和意义

1. 研究目的

概括高密度城市的相关界定,引发对这种现象的关注,以期更加深入的思考和研究。以往对城市园林绿地的关注,更多的是从视觉形象、环境绿化或是不考虑由于高密度带来环境问题。但对今日种种的现实,我们有必要从高密度着手,对城市园林绿地进行重新审视。本书通过对珠三角地区四个典型的高密度城市环境下的微绿地景观案例进行归类和总结,明确微绿地的多种分类和设计要点,可作为典型代表,为高密度城市微绿地景观的研究提供依据。在此基础上进一步对国内外经典的微绿地景观进行分类研究,总结了基于建设高密度城市的微绿地空间研究的理论和方法,目的是为解决城市园林用地稀少和城市空间环境需求之间的矛盾,针对高密度城市的园林绿地的现状提出相应的建议,为其健康、生态、可持续的环境做出贡献。基于此,辨析高密度城市的相关概念、解析高密度城市的内涵及特征,结合案例研究,期望达到以下目的:

（1）对生活在城市的个体——人的关注,以人性化尺度研究城市绿地空间。

（2）通过对珠三角地区典型高密度城市微绿地景观的案例调研分析和深入研究,探讨高密度城市微绿地景观开发的可能性和必要性,解决城市绿地不足、市民能够就近接触绿地的问题。

（3）明确微绿地景观设计的空间形态、空间建构及空间风格等,总结设计方法。

（4）通过定性与定量化研究,探索微绿地景观设计多维度、多元素影响的相关性,转变传统风景园林单一的审美设计思路,提升风景园林多维度的设计内涵。

2. 理论意义

（1）本书对城市高密度环境下微绿地这一发展趋势进行了说明。其研究理论和方法能为今后有关此类型的研究提供借鉴和参考,并且能运用于实际项目中。提出将微绿地空间的理念深入到高密度城市规划建设中,丰富高密度环境下风景园林的规划和设计方法。

（2）对微绿地系统科学的研究至今鲜有报道,其场地生态效应定量研究资料更少。本书对高密度城市微绿地空间所进行的研究,希望城市规划者重视这一"微不足道"的绿地空间,为实际城市环境规划和设计工作中微绿地的开发和建设提供有益的参考。为增加城市绿量,改善城市生态环境提供理论和技术支持。

（3）微绿地灵活的结构与功能越来越被重视,目前已成为国内外生态学、风景园林学、园艺学和建筑环境学等学科研究的热点领域,是研究高密度城市园林绿地建设的重要内容之一。

3. 实践意义

（1）本书总结的微绿地空间类别及研究方法可作为设计实践的参考依据,为推广微绿地景观能有效地增加城市绿量、能促进城市园林绿化的发展及城市森林建设的进程,能更好地改善城市人类所居住的环境,提高市民的生存质量,缓解城市发展与绿色空间不足之间的矛盾,实现城市居民与园林绿地空间自然和谐发展而做出有益尝试。

(2)本书将对密度的思考作为微绿地空间研究的出发点,对平衡城市建筑、人口密度与园林绿地、空间质量之间的矛盾,探寻在密度中追求质量、在质量中实现密度的各种可能的方法,以及对提高园林绿地使用密度的设计方法进行了探索。

(3)本书提出高密度城市微绿地空间建设的必要性,强调微绿地环境空间的可达性、密集度和联系性以适应未来城市的发展。将街头绿地、步行道路及垂直绿化等多样化的微绿地类型串联起来构成绿色网络系统,最终为建设森林城市添砖加瓦。

(4)本书为高密度城市微绿地空间的研究方法与设计实践提供指导。将风景园林学、环境设计美学、环境心理学、景观生态学等交叉学科在高密度空间进行融合,并在设计方法上进行系统整合。

第2章 阐述高密度城市微绿地景观

本章以建成的高密度城市微绿地景观为例展开分析。对珠三角地区四个典型高密度城市广州、深圳、香港及澳门进行了微绿地景观的对比研究。2019年中共中央、国务院印发《粤港澳大湾区发展规划纲要》将这四大中心城市定位为粤港澳大湾区发展的核心引擎。重点对四个城市的绿地建设情况、微绿地的面积大小、空间特征、类型和设施等进行有目的的选择和分析，总结了微绿地景观建设的经验和启示。微绿地景观能缓解城市过度拥挤的状况的同时，对城市建设发展过程中的新旧交替的问题，对恢复和再生城市中心区的活力有着不可替代的作用，对快速城市化时期我国高密度城市的可持续发展具有重要的实践价值。

2.1 研究区域及方法

2.1.1 珠三角高密度城市概述

研究目标以建成的高密度城市微绿地景观展开实例分析，搜集了珠三角地区四个典型高密度城市作为对比研究。分别是：广州、深圳、香港及澳门（见表2-1），这几个城市同时也是粤港澳大湾区四大中心城市。2019年中共中央、国务院印发《粤港澳大湾区发展规划纲要》将香港、澳门、广州、深圳四大中心城市定位为粤港澳大湾区发展的核心引擎。这四个高密度城市分别坐落在珠三角的南端，区位接近，自然条件相似，经济水平相当，气候条件及所属地区一致，有相似的文化背景。香港和澳门城市建成面积略小，大部分为半岛和海岛，广州和深圳包含了广大的内陆区域。城市之间来往不超过 2h,香港和深圳更是紧密相连。它们地处丘陵,又同属亚热带季风区。研究这四个城市的微绿地空间特征对建设高密度城市微绿地空间有一定的参考意义。四个城市原有建设用地都非常有限,都采取了填海、占用山地的方式进行建设,但是香港、澳门并未对区域内自然地形做较大改动,因此城区内地势起伏较大,而深圳采用了推山切山的手段,大部分地形和平原城市无异[51]。

① 魏岚.深港澳城市风貌比较研究[J].城市环境设计,2007,109~111.

表 2-1　四个高密度城市基本情况

高密度城市	广州	深圳	香港	澳门
文化文明	东方文化	东方文化	东方文化	东、西方文化
常住人口	1 531 万人	1 036 万人	647 万人	54 万人
官方语言	汉语普通话、粤语	汉语普通话、粤语	汉语普通话、粤语、英语	粤语、葡萄牙语、英语、汉语普通话
坐标	东经 112°57′ 至 114°3′,北纬 22°26′ 至 23°56′	东经 113°46′ 至 114°37′,北纬 22°27′ 至 22°52′	东经 114°15′,北纬 22°15′	东经 113°33′,北纬 22°11′
水文	北江、东江北干流、增江、流溪河、珠江广州河段、市桥水道、沙河水湾	东江、海湾和珠江口水系	城门河、梧桐河、林村河、元朗河和锦田河等	洪湾水道、珠江口、十字门海域
绿地覆盖率	41%	45%	67%	42%
建成区面积	1 324km²	830km²	220km²	23km²
城市密度	16 062 人/km²	12 482 人/km²	29 400 人/km²	23 350 人/km²
气候	亚热带季风气候	亚热带季风气候	亚热带季风气候	亚热带季风气候
地理地形	丘陵、冲积平原	丘陵为主	丘陵为主	丘陵、冲积平原
行政区类别	地级市	地级市	特别行政区	特别行政区
所属地区	中国华南	中国华南	中国华南	中国华南

　　珠三角地区地处亚热带气候条件,气候特点是"夏无酷暑,冬无

严寒,雨量充沛,四季如春,繁花似锦"。随着全球气候变暖,该区域的气温也有升高的趋势。从气候条件来看,由于所处维度较低,全年以温度较高的热天为主。近年来,受城市化影响,人口密度较高的区域热岛现象显著,微绿地景观对调节城市小气候的生态效应作用明显,对提升城市公共空间和生活质量具有重要的意义和作用。

2.1.2　研究内容和方法

1. 场地选择

根据四个城市微绿地的面积大小、空间特征、类型和设施等进行有目的的选择(见表 2-2)。例如广州较为典型的微绿地景观是街头绿地、街巷微绿地等;深圳较为典型的道路绿地及垂直绿化,香港最有代表性的是小公园和立体空间通道绿地,澳门较为典型的微绿地空间为街头绿地。这些微绿地空间具有高密度城市公共绿地空间的特点,可达性强、便捷、紧凑、使用率高。调研场地的面积在 $1hm^2$ 内,它们担负生态、文化、景观、保护等多重功能,是承载各种公共活动、社会生活服务的外部空间场所。

表 2-2　4 个高密度城市微绿地基本情况

代表城市	广州			深圳		香港		澳门	
微绿地景观类型	街头微绿地	街巷微绿地	垂直绿化景观	步行路微绿地	垂直绿化景观	街头微绿地	通道微绿地	街头微绿地	通道绿地
调研总数/个	22	19	10	15	6	10	10	16	5

2. 研究方法

采用理论分析、现场观测、问卷调研等研究方法,从定性和定量的角度分别探讨高密度城市微绿地空间的设计和使用,具体研究方法包括:

1) 文献归纳法

高密度城市微绿地空间研究涉及风景园林学、建筑学、景观生态学、植物学、环境美学、环境行为学等诸多学科,广泛进行相关研究文献资料的查阅、收集、整理,总结微绿地空间发展规律、学术前沿和研究思路,为城市微绿地景观研究奠定理论基础。

2) 案例研究法

选取我国高密度城市微绿地景观为案例,分析每一类微绿地景观空间的功能、植物构成、空间格局等特征,对微绿地的微观环境特征以及人们使用微绿地空间的行为环境进行分析,从而获得高密度城市微绿地景观的典型代表场地作为核心研究内容。

3) 结构化观察与田野调查法

通过结构化观察(研究者充当观察员,选定一个视野最佳点对场地空间的行人进行观察记录)的方法,为更进一步的调研分析提炼有效信息,收集准确的、有价值的材料。在此基础上深入现场实地踏勘、设计问卷,对具有代表性的微绿地空间实例进行实地走访、调研、拍摄,收集实际资料进行统计和分析。

4) 定性分析与定量分析相结合

以街头绿地空间、人行步道绿地空间及垂直绿化空间为例,揭示其空间特性,深入研究使用者的感知特征并用统计学定量研究其偏好程度,实测三类微绿地空间生态效应并进行了量化研究。

5) 图形阐述法

对研究场地进行实际测量,用 AutoCAD、PhotoShop 制图软件绘制。

2.2 典型高密度城市微绿地景观特征

2.2.1 国际大都市——广州的微绿地景观

1. 背景

广州是一个拥有两千多年历史的名城,是中国通往世界的南大门,是粤港澳大湾区、珠江三角洲的中心城市以及一带一路的枢纽城市,是广东省的省会。根据 2019 年广州市统计局公开的信息,常住人口 1 530.59 万人,城镇化率为 86.46%,是我国典型的高密度城市。在接下来的 20 年,城市化将继续发展。基于对 Demographia 发布的 2012 年全球 1 513 个 50 万人以上城市人口统计数据的研究,有学者提出高密度城市的门槛指标为 15 000 人/km^2。根据第六次全国人口普查的数据,核心调研场地天河区常住人口为 15 129 人/km^2,总量在全市排第四,是位于白云、番禺、海珠之后的高密度城区。天河区位于广州市区(老城区)东部,东到玉树尖峰岭、吉山狮山,与黄埔区相连;南到珠江,与海珠区隔江相望;西从广州大道、杨箕、先烈东路、永福路、沿广深铁路方向达登峰,与越秀区相接;北到箓箕窝,与白云区和黄埔区相接。天河区是广州市新城市中心区,位于广州市新中轴线上,是广州市东进轴与南拓轴交汇点。地理坐标是东经 113°15′55″~113°26′30″,北纬 23°6′0″~23°14′45″。东西极限长 18.75km,南北极限长 15.75km。总面积 147.77km^2,其中建成区面积约 68km^2。

2. 广州市绿地建设概况

广州市的园林绿化始于南越国宫苑园林,距今已有 2 100 多年。继 1983 年南越王墓的重大考古发现之后,1995~1997 年在广州又发现了南越王宫署御花园遗址[53]。1949 年前,广州园林绿地面积共 36hm²;4 个公园,面积仅 25hm²;城市绿化覆盖率仅 1.56%,人均公共绿地面积仅 0.296m²。新中国成立后,广州市的绿化建设主要以恢复为主,城市园林在 1952 年绿地面积达 2 022hm²;新建 2 个公园,公园总数达 6 个,共 126hm²。1955 年率先成立中共广州市绿化工作委员会,这也是国内第一个园林绿化专门工作机构;1962 年成立广东园林学会;1965 年成立广州市园林管理局,进一步加强城市园林绿化的管理和建设。到 1966 年末,全市共有公园 18 个,面积 672hm²,绿化广场 4 个,风景区 3 个,园林专业苗圃面积 140hm²,花坛绿岛近 20 个,城市绿化覆盖率 27.3%,居全国大城市第 2 位。改革开放后,广州的园林绿化迈入较大发展时期,城市绿地建设向西方学习。1990 年末,全市绿化覆盖率增至 24.57%,为建国前夕的 15.75 倍;公园 28 个,面积 1 026hm²,为建国前夕的 29.32 倍;人均公共绿地面积 3.9m²,为新中国成立前夕的 13.18 倍[54]。从 1995 年起,广州市在城市园林绿地建设方面得到了较大的改善。进入 21 世纪后,广州市的绿化建设再一次转型,从以草坪、修剪成型的园林绿化建设模式转向自然式种植模式,探索在城市绿化中营造仿自然植物群落,从而减少绿化养护成本。近十年,广州市委、市政府启动青山绿地工程,全面提升广州市的绿化建设水平,市政园林部门已根据《广州市城市绿地系统规划》和《广州市城市绿化建设工程规划》,以建设城市绿化植物多样性的规划目标,选择树种以乡土树种和适合本地生长的外来树种相结合为原则。广州市政园林局规定[55]植物的选用标准是树干直、树冠茂盛、荫蔽度好的树种,还有花色艳丽、花期长、花香四溢姿态优美的乔木等。到 2015 年末,城市绿化覆盖率从 1995 年的 24.08% 增加到目前的 41.5%,人均公园绿地面积 16.1m²,森林公园及自然保护区 59 个,城市公园 245 个,其中免费开放 211 个,绿道近 3 000km(见图 2-1)。通过多年来城市园林绿地建设,广州市已经形成了具有岭南特色的园林绿化城市。2016 年,广州市平均绿化覆盖率为 37.46%,低于国内城市的平均水平 38.9%,与国际大都市 50% 的覆盖率和人均 60m² 的绿地面积相比有较大的差距。此外,受到快速城市化影响,广州市存在城市绿地不断被侵占、园林绿化树种种类减少、类型单一、生物生产力降低、绿化空间分布不均衡等问题[56]。迎亚运后的近几年,广州市进一步改善城市环境,提高城市绿化覆盖率,拆除了大量的违章建筑,还绿于民,使广州的环境素质得到了较

① 吴劲章,谭广文.新中国成立60年广州造园成就回顾[J].中国园林,2009,37~41.

② 广州城市建设档案馆. http://www.gzuda.gov.cn.

③ 广州市政园林局.广州迎亚运编制绿化规划园[J].园林科技,2008,110(4):47.

④ 王智芳,周凯,曹娓,等.广州城市化进程中的园林建设[J].广东农业科学,2010,(9):99~102.

大提升,生态环境状况得到较大的改善,较好地体现了羊城四季常青的园林特色[57]。

图 2-1　绿道景观

　　目前,广州绿地空间形态逐年完善,如在综合性公园较多的越秀区增建小型休闲绿地;在原来公园较少的海珠区、白云区等增建综合性公园,在天河区、黄埔区和海珠区增建公园,绿地数量和面积增加明显,且均匀分布,服务能力大大提高,服务盲区大量减少,通过完善圈层结构形态使游憩绿地布局趋于合理。

　　随着人口密度的增加,城市园林绿地建设,出现了分布不均、中心城区与外围城区绿化差异较大等问题。广州市植物覆盖率的增加速率滞后于城市化速率,人们对城市园林绿地要求越来越高,不仅关注公园数量和质量,而且更加关注公园所提供的自然服务是否能够被便捷、平等、公平地享用。由于高密度城市的特点,人们更倾向于通达性、可达性更好的绿地,这反映了居民通过某种交通方式从某一给定区位到达目标设施的便捷程度,是评价社会服务设施的接近度是否公平的重要指标。目前,广州城市绿地建设在发展中存在的问题有以下几点:

　　(1)城市绿地系统性不足。城市绿地格局正在被不断扩张的城市建设所影响,城市自然景观被高密度、超高层建筑改变或遮挡。城区内部各绿地之间缺乏有机联系,一些边角空地未得到开发利用,尚未形成整体有机的绿地系统。

　　(2)城市绿地总量不高。尤其是旧城区和城市中心区园林绿化基础薄弱,人居绿地率指标较低,可供建设的绿地资源紧缺,各类城市建设用地置换为绿地的代价和难度较高。

　　(3)公园绿地规模、布局及结构不尽合理[58]。公园绿地人均指标偏低,各级公园绿地的分布和服务半径未能达到规范要求,特别缺乏深入到社区环境中的小型公园绿地,与居民生活密切相关中小型绿地较少,公园的服务半径覆盖面受限,不能满足城市居民对公园绿地的需求。

① 周萱.广州市城市道路绿化树种配置调查与评价[D].仲恺农业工程学院,2013.
② 肖荣波,王国恩,艾勇军.宜居城市目标下广州绿地系统规划探索[J].城市规划,2009,(C00):64～68.

（4）公园绿地各景观类型分布很不均匀，表现为市级公园占绝对优势，其面积占公园绿地总面积的84.71%，区级公园、社区公园相对均衡，分别占8.24%、6.48%；街旁绿地最少，占0.54%[59]。

广州绿地建设已有一定成效，建成区绿化覆盖率45.13%，建成区绿地率39.22%，人均公园绿地面积17.3m²[52]。但随着人口的增长，城市空间越来越有限，绿化用地极度紧缺，在有限的空间安排较大面积的绿地几乎不可能。为此，本研究希望通过开发更多的小型绿地，增加城市的园林绿地均匀度，用分布广、可达性强、服务半径小的微绿地空间来满足高密度环境下绿化不足、空间拥挤、居民生活与户外生活质量较差的现实困境。

3. 微绿地空间类型及特征

根据实地调研踏勘，广州的微绿地分布以小面积绿块为主，按照其不同的地理位置及空间功能性质，大致可归纳为三种类型。

第一类，连接两种以上不同功能空间类型的城市过渡空间、边缘空间，如步行道路空间、居民楼或商业楼底层周围空间（见图2-2），如空地、街头花园等。

第二类，高空绿化空间。例如依附于建筑的屋顶花园、立体绿化，依附于城市交通空间中高架桥下剩余空间、过街天桥升降部分下方的空间、道路交叉口三角地、环岛等地带（见图2-3）。

① 蔡彦庭,文雅,程炯,等.广州中心城区公园绿地空间格局及可达性分析[J].生态环境学报,2011,20(11):1647～1652.
② 广州市林业和园林局。http://lyylj.gz.gov.cn/zwgk/sjfb/content/post_5347276.html.

图2-2 居民楼、边缘空间多层次绿化

第三类，城市在规划改造设计时出现的剩余空地或是废弃地。这些空间大多面积过小不好处理，但又位于一个较为明显的位置而不可忽视。还有一些护栏、建筑出入口、遮挡修饰建筑物的临时性绿化对城市空间的美化也有很大作用（见图2-4）。基于天河区的微绿地现状，将研究场地集中为三个方向：街头绿地、步行道路空间及垂直绿化。所选择的这些试验点均匀分布在广州市天河区范围内，能够代表微绿地空间类型。

图 2-3 道路交叉口三角地、桥下空间利用（许融 摄）

图 2-4 护栏、建筑工地等临时性绿化（许融 摄）

1）街头微绿地景观

对天河高端社区汇景新城、商业聚集区太古汇、中轴线上天河南、天环广场、珠江沿岸等地的 22 个街头绿地做了调研统计分析（见表 2-3），总结出 4 类街头绿地空间，集中在居住区、商住区、滨水景观区和商业区。得出街头绿地的服务半径约 1 000m，按成年人的正常步速 50m/min，所需时间到达最近的公园绿地均在 20min 之内。相比澳门的公共绿地达到市民出家门步行 5 分钟，距离 200m 可进公园，有较大差距。说明天河区的街头绿地有效服务距离和范围还有较大提升空间。从天河区的分区来看,微绿地密度较高的有珠江新城、天河北、天河南和林和街。也有一些服务盲区,例如五山、棠下、元岗和车陂等距离城市中心区较远的区域。

表 2-3　22 个街头绿地基本情况

街头绿地所在环境	数量	场　地
居住区	9	1 金穗路 2 建业路 3 美林湖畔 4 上社 5 海风路 6 海明路 7 汇景南路 8 汇景路 9 政法右巷口袋公园
商住区	4	10 马场南国花园 11 黄埔大道西 12 桃园南二街 13 天河南二路
滨水景观区	1	14 猎德村
商业区	8	15 太古汇 16 天环广场 17 天河南 18 寰城海航广场 19 中怡城市花园 20 广粤天地 21 体育西 22 南方通信大厦

天河区的微绿地空间基本上广泛渗透分布于街巷,尽管面积小,功能简单,但却能有效改善街景效果,提高城市的生气与活力。如图 2-5 所示,是一处位于居住区的“政法右巷口袋公园”,之前是闲置多年的废弃地,改造成公园后不仅为市民提供了一个家门口的休闲娱乐场地,还缩短了区域间的穿行距离,记录了曾经政法学堂的人文历史。公园里的植物代表了亚热带气候条件的种类,如千日红、小叶紫薇、凤凰木、桂花树、杧果树等十几种开花乔木和灌木。类似于法政右巷口袋公园这样的小型绿地面积大都在 200～500m² 之间,像芝麻一样撒在城市的大街小巷,来到人们的家门口,使城市环境更加健康,同时也增加了市民对这座城市更多的记忆和归属感,焕发新活力。预计在 2035 年广州城市中心区将增加 400 处口袋公园。通过对

图 2-5　法政右巷口袋公园(许融 摄)

街角灰色空间的充分利用,建设口袋公园等,未来公共绿地覆盖率可达到 90%。

每一类街头绿地都体现了场地最重要的功能以及良好的绿化配置。商住综合区的街头绿地解决的问题是空间的转承起合、通行和小坐的功能;居住区的街头绿地空间满足的应是居民的休憩、便捷和共享交流等功能;商业区的街头绿地体现了提供数量较多的休息就坐、视线开阔的空间效果;而交通节点要求场地与城市整体道路景观保持一致,又能起到疏散交通,缓冲空间的作用。整体来讲,市民能够充分而便捷地使用街头绿地,具有天河区微绿地的典型特征。

2)步行街巷微绿地

对多条街巷进行了调研,对包括城市中心区,如位于珠江新城CBD、中轴线天河南、全国知名电脑城聚集区岗顶商业等 19 条街巷调研统计(见表 2-4)。由于交通拥挤,建筑密集,街道难以拓宽,所以功能较为单一,主要为了通行。调研发现,商住综合区相比居住区街巷的功能多,一般都能够设置户外家具、遮阳伞、观赏性植物、可坐人的花池、水景、装置艺术品等(见图 2-6)。由于场地空间有限,人口密度高,街巷空间被弱化成一个较小的空间,创造了丰富的触觉感知机会,塑造了空间的接近感,拉近了与建筑的尺度距离。居住区的街巷体现了场地最重要的通行功能以及良好的绿化配置,植物搭配形成一个绿色走廊,提供简便的座位,满足居民的步行、休憩和共享交流等功能;商住综合区的街巷解决的是连接建筑与道路、商业活动、通行和小坐的功能。综合来看,三类人行街巷能够代表广州的步行空间特征,影响着人们的户外生活方式,提供接触自然和社会交往的机会。好的步行道路空间能增加人们的步行距离,这对缓解高密度城市交通压力、提高城市的活力和人们的健康水平都十分有利。通过对 19 条街巷的实地调研,大部分的步行街巷在路侧配置了行道树,总体长势优良,植物种类繁多,能体现广州花城特色,实现了道路绿化与城市风貌的协调统一。

表 2-4　街巷微绿地调研分类统计

步行街巷微绿地所在环境	数量	场　地
居住区	8	1 华庭路 2 林河东路 3 文华街 4 华明路 5 海风路 6 海明路 7 汇景南路 8 汇景路
商住区	4	9 兴盛路 10 广粤天地 11 桃园南一街、二街 12 天河南二路
滨水景观区	2	13 海心沙 14 猎德村
商业区	5	15 太古汇 16 天河又一城地下商业街 17 天河南商业街 18 珠江新城 CBD 商业步行街 19 岗顶商业街

图 2-6　广粤天地多功能人行路

3）垂直绿化空间

对广州天河区的十个垂直绿化空间做了实地调研,主要有四种类型(见表 2-5),总结其绿化特征为:植物长势好,建筑与园林绿化结合,提供了新的审美和城市绿化模式。垂直绿化系统对一个场地空间的吸引力作出了重大贡献,加强了建筑(或其他构筑物)和环境、人群的联系;赋予场地勃勃生机,使其外观随季节的变化而变化。在这种土地资源更显宝贵的条件下,城市绿化正从传统的"平面—地表"向"空间—建筑"延伸,标志着城市景观空间理念革命性的变化和发展的巨大潜力。将景观拓展到垂直空间是一种创新和大胆的尝试,垂直绿化与建筑外立面、构筑物等结合能提供较为明显的生态和文化效益。垂直绿化的实践,是现代高密度城市增加绿化的一个重要方法,使得城市的自然地理环境和丰富的植物资源能被更有效利用。发展垂直绿化对城市的可持续发展是一种很有前途的方法。广州作为一个先锋城市,垂直绿化已建设成为城市的一个亮点。

表 2-5　天河区垂直绿化调研分类统计

垂直绿化类型	数量	场　　　地
模块式	4	1 广州银行大厦 2 创锦创业产业园 3 花城汇下沉广场 4 <u>天环广场</u>
铺贴式	3	5 花城广场 6 越秀金融大厦 7 花城汇 A1 入口
布袋式	1	8 <u>高德置地春广场</u>
框架牵引式	2	9 时尚天河广场 10 <u>元岗智汇创意园</u>

注:标记下划线的场地作为代表性案例详细介绍。

根据调研,广州的垂直绿化主要采用了模块式、铺贴式、布袋式和框架牵引式的结构。这些构造的适用范围很广(屋面、建筑墙体、篱栏、棚架、各种立柱等)。无论哪种结构,都是植物依附的基质,通过结构形式才能实现垂直绿化。其安全性尤为重要,须确保构造不会因为漏水问题侵蚀墙体或构筑物,确保植物不会从构筑物脱落下来,确保土壤和灌溉系统合适恰当。随着技术的革新,选择恰当和安全的结构方式达到更好的园林绿化效果。例如花城汇下沉广场的垂直绿化(见图 2-7)采用规整的长方形排列的模块式结构,随着楼梯通道的高差变化形成序列感的入口设计。在平面关系上连接了中轴线周边的建筑、街区和步行道。纵向上连接了地上、地面与地下的多重空间,分流了商业中心高密度人群的聚散。

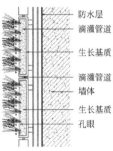

图 2-7　模块式垂直绿化现状

　　花城汇 A1 入口(见图 2-8)采用铺贴式垂直绿化的结构,特点在于风格自然,不受花槽的限制,可以自由的生长,叶姿丰富柔美,绿意盎然,具有一定的野趣。用自然野趣、呈现植物的多样性的铺贴式结构连接了地上、地面与地下的多重空间,强调了主入口、明确引导人

图 2-8　花城汇 A1 入口垂直绿化现状

流方向。

　　珠江新城的高德置地春广场的建筑外环境和室内环境大量运用了垂直绿化,兼具商业气氛又能展示花园般的生态绿色空间。春广场连接了夏、秋和冬广场,是将周边的交通、商业和娱乐休闲紧密结合的立体空间,该项目是高密度城市建筑与垂直绿化相结合的成功案例。在这些垂直绿化的映衬下,模糊了室内与室外的界限。高德置地春广场是典型的布袋式种植垂直绿化,层次感强,植物配置丰富,生长茂盛,增强了景观的参与性和观赏性(见图 2-9)。

图 2-9　高德置地春广场垂直绿化现状

　　元岗智汇创意园内有多处垂直绿化,使园内呈现出绿色、生态、富有特色的办公场所景观。园区以保护环境和可持续发展为宗旨,甚至在多层停车空间巧妙地运用了垂直绿化,如图 2-10 所示,停车场共六层,植物以常春藤和爬山虎为主,起到吸附和过滤粉尘的作用,同时也降低了二氧化碳的排放,改善了空间热环境节约了能源。园内大多数垂直绿化是以框架牵引式结构为主,这些垂直绿化衬托并弱化了金属构筑物,提升了场地的吸引力,在用地紧缺的创意园内增

图 2-10　元岗智汇创意园垂直绿化现状

添了与自然风景接触的机会。向园区的工作人员展示了绿色生态式的办公环境,吸引了很多观光的年轻人,也成为了研究垂直绿化的示范性基地,整体上提升了上元岗周边的环境价值。

垂直绿化的核心内容是植物。因此植物的选择、配置和承载植物的结构成为垂直绿化最重要的环节。适应亚热带气候条件的垂直绿化植物范围十分广泛,包括常绿植物、落叶植物,喜光、耐寒、耐旱及耐半阴环境植物。在设计一个垂直绿化之前应做与植物生长环境相关的详细调研。例如,根据生长快慢顺序排列前十种依次是:五爪金龙→山牵牛→飘香藤→金银花→炮仗花→南美蟛蜞菊→蝶豆→龙吐珠→使君子→蔓马缨丹;根据攀缘援植物的最大覆盖率大小顺序依次是:五爪金龙→山牵牛→蝶豆→金银花→龙吐珠→使君子→炮仗花→飘香藤。覆盖率达到100%的有五爪金龙、山牵牛和蝶豆,此外,覆盖率超过50%的有金银花、龙吐珠、使君子[60]。充分了解垂直生长环境和植物的配置对一个垂直绿化项目的成功以及是否在多年以后依然保持旺盛起到至关重要的作用。除了考虑植物的美观度以外,在选择植物物种时,应重点考虑植物的寿命、生长情况以及日后所需要的维护需求。只有综合考虑植物的形状、生长速度、生长环境和耗水量等需求,才能为垂直绿化选择合适的植物组合,整体上达到植物墙健康、美观和生态的水平。在"合适的地点选择合适的植物",是垂直绿化不变的真理,任何场地都应遵循这一准则。

垂直绿化系统为城市中的植物多样性增添了新的机会,它用各种各样的植物创造了一个全新的生态学系统,为当地的鸟类和小昆虫提供了栖息地,为动植物重新回到城市创造了条件,是城市生态环境的标志之一。如果将一系列的垂直绿化连接起来,足以为城市创造一个生态环境网,它与城市公园交相辉映,为林荫大道和花园带来绿色生机,也连接了各个植物自发生长的空间。作为密度较高的广州城市环境,平面空间容量极为有限,应将有条件的空间开发垂直化,增加其生态容量。

4. 调研总结

通过对广州三类微绿地空间的分布及特征进行分析和总结。三类微绿地无论是类型、数量都较为集中在城市中心区。三类空间的调研总数占到的比例分别是:街头绿地43%、步行街巷37%、垂直绿化20%(见表2-6)。这些场地空间所处的区域能体现建筑、人群与微绿地景观的密度。因此,以城市中心区内的微绿地景观作为研究对象,能集中代表高密度城市环境特征,为高密度城市微绿地景观类型的建设提供依据。

① 杨雪.广州地区10种用于垂直绿化的植物绿化效果比较及种植基质筛选[J].广东园林,2015,(5):36~40.

表 2-6　广州三类微绿地调研分布状况

空间类型	调研总数(个)	占调研总数的比例(%)
街头绿地空间	22	43%
步行街巷绿地空间	19	37%
垂直绿化空间	10	20%

　　以上三类微绿地代表了广州微绿地在城市发展中的空间类型和特征。微绿地是一种资源节约、环境友好型的绿地形式,符合城市长远利益可持续发展的模式。弥补城市绿化不足以及缓解高密度拥挤状况,优势在于对边角空间的利用,提高游憩绿地的可达性,增加生态容量和绿色斑块的连接度,形成网状结构,平衡市民广场和城市公园在空间分布上的不足问题,同时达到个性化城市的回归,对城市公共空间系统起着"有效补充"作用[61]。通过调研,很多场地不乏景观精品,不仅继承了传统造园精髓,且布局别致,游线组织流畅。这些微绿地景观不仅扩大了广州园林绿地的影响,更是为高密度城市的绿地空间提供建设经验。从以上的几类微绿地空间案例可以看到天河区园林绿地的发展现状,尽管空间都极为有限和狭窄,却极大地发挥了城市绿地的作用。尽管我国绿地系统规划中的计算指标,垂直绿化不计入绿地率,但是它却实实在在地从生态的途径发挥着作用。所以统计计算标准应与时俱进,做出修改,绿地规划的衡量指标种类要增加[17]。

2.2.2　经济特区——深圳的微绿地景观

1. 深圳市绿地建设概况

　　深圳市位于广东省中南沿海地区,珠江入海口之东偏北。作为新兴城市,深圳没有老工业城市的诸多矛盾和负担,具有成为生态型城市的良好条件。而成为生态型城市的关键是先要城市"绿"起来。如增加植物物种多样性和复层配植来提高植物的生态效益、增植开花乔灌木来提高绿化的景观效果,从而营造出四季有花、五彩缤纷的花园城市气氛。目前建成区绿化覆盖率 45%,人均公共绿地面积 16m²。早在 1994 年深圳市人民政府就颁布了《深圳经济特区城市绿化管理办法》,使绿地建设目标法律化,近 30 年的发展,深圳园林与绿化建设也形成了自己的特色:坚持按照规划建园,构建了点、线、面相结合的绿地网络系统,开创性地提出了森林公园、郊野公园—综合公园—社区公园三级公园体系,公园之城轮廓初现[62]。各类绿化指标已达到或超过国家标准,并被评为我国的"园林城市"。深圳市政府在发展经济的同时十分重视城市的生态环境建设,最突出的是道路

① 冯叶,魏春雨.城市街头边角空间设计[J].中外建筑,2010,(6):132~133.
② 孟兆祯,陈晓丽.花园深圳·再创未来深圳特区风景园林创新发展论坛[J].风景园林,2016,(6):18~25.

景观建设。通过道路绿化带将大小公园串联起来,构成了城市的绿色生态走廊。绿地植物群落面积大,连续性好,能充分发挥生态效益。5 到 10min 可以进入社区绿道,15 到 20min 可以进入城市绿道,半个小时之内可以进入省级绿道。步行道路是城市公共开放空间的重要组成部分,也是一个城市重要的象征。虽然这些人行道路尺度较小,绿化空间也有限,但步行道路不仅是城市景观设计的主要内容,而且还是城市街道社区居民生活的主要场所,是构成城市园林的重要组成部分。福田区是组成深圳特区的四个行政区之一,其道路景观建设以近自然绿化景观营造为特点,走出一条具有生态效益的城市绿化道路。此外,福田区是深圳市垂直绿化样板区,经过几年的时间,福田区展示了多种多样的垂直绿化示范点。因此,对深圳的调研主要集中在步行道路及垂直绿化空间。

2. 微绿地空间类型

深圳的绿地建设效果在全国都很突出。有众多的迷你公园,通过人行步道串联起来,形成延伸至居住区和商业区的非常适合步行的线型绿地。尤其是蛇口区的人行步道景观和居住区的入口花园,多种多样的微绿地景观(见图 2-11),个个引人入胜,沿着南海大道行走,感受到精细、人性化和特色鲜明的景观艺术。

图 2-11　望海路(向钰 摄)

着重对 15 个步行道路空间及 6 个垂直绿化空间做了实地调研(见表 2-7),并对较为代表性的绿地空间做微观环境特征和行为环境观测记录,总结其绿地特征为:空间植物丰富,道路之间组团—网络式布局,链接了周边主要的生态人文、特色空间,使用率高,尺度较小,实现生产、生活的绿道低碳出行,弥补和完善城市服务,提高了居民的生活质量,使城市绿地呈现出自然环境条件的状态,居民与环境产生互动关系,兼顾生态功效和使用功能的、适应高密度城市发展。

表 2-7　深圳步行道路、垂直绿化调研分类统计

空间类型	数量	实　　例
商住空间步行道路空间	2	1 滨海公园道 2 望海路人行天桥
居住区步行道路空间	3	3 福田路星河国际旁步行道 4 香林路农科广场旁步行道 5 卓越时代广场步行道
临街步行道路空间	4	6 彩田路福景大厦旁步行道 7 华融大厦旁步行道 8 八卦岭盛世鹏程北步行道 9 泰然工贸园步行道
专供步行道路空间	3	10 梅林北路碧荔花园北步行道 11 深圳市第二幼儿园前步行道 12 北环大道迷你新居东南步行道
综合空间步行道路空间	3	13 景秀中学公交站旁步行道 14 中信地铁商场旁步行道 15 会展中心西侧步行道
垂直绿化空间	6	16 梅婷文体公园 17 文化生活 1979 新天地 18 环境监测监控大楼 19 深圳城管大厦 20 回品酒店 21 城市广场

注：标记下划线的场地作为代表性案例详细举例。

1) 商住步行道路景观——以蛇口望海路为例

位于商住空间的步行道路是一项包括交通、经济、园林、建筑等方面的综合空间。人流密度大,人们的主要目的是观光休闲体验,并不是简单的通行。步行路作为城市街道空间中最典型的线性空间,首先有着显现的空间领域性,不仅有着方向上的指引性、空间上的领域性,它更具有场所的效应。它强调与建筑底层空间、周围环境的渗透,并赋予街道空间文化和人文特色,为人们的停留和休憩等活动提供空间载体。

深圳蛇口望海路商住密度极高,步行道路景观分段式规划布局。滨海公园步行道(见图 2-12),植物将道路分成 2 个通道空间。中轴线上的灌木加小乔木强调了空间轴线关系,大花紫薇提高了景观效果。每一个建筑的入口处均用植物强调了入口关系,地面的木栈道增添了步行的亲和感,比起一般步行路营造了更丰富的视觉空间。

该步行街的主要植物为：狐尾椰(*Wodyetia bifurcata*)、大花紫薇(*Lagerstroemia speciosa*)、桂花(*Osmanthus fragrans*)和花叶鹅掌柴(*Schefflera actinopylla* "*Variegata*")。对滨海公园道的微观环境特征(表 2-8)和行为环境做了观测记录(表 2-9)。观测结果显示,

图 2-12　滨海公园道（向钰　摄）

老年人是该场地的主要人群,除了通行,人们还会停留下来眺望、拍照和休息,这些活动与街道的园林绿化关系紧密。尺度不同的两条路都为人们的通行、停留和即兴活动创造了环境。此外,多样化地停在水边的船只、码头吸引了不同阶层、不同兴趣爱好的人群,这条街道在白天和夜晚都非常有活力。观测记录表明,步道空间视线开阔,从整体上提升了园林绿地与人们活动的结合,充分发挥了步行道的价值。

表 2-8　蛇口滨海公园道微观环境描述

场地名称	长度（m）	宽度（m）	观测时间	当日气候	空间材料	
					植物内部构成	铺装构成
蛇口滨海公园望海路	约200	9	13:30~14:00	多云 12℃~20℃	乔—灌—草本	木、石米

表 2-9　蛇口滨海公园望海路行为环境描述

空间特征	描　述
空间描述	位于通往滨海公园的步行道,主要功能为通行与观光。两侧建筑以现代风格为主,用小乔木和灌木营造和划分空间。道路一侧设置了可以俯身的栏杆,可以向远处眺望
空间要素	植物、装饰小品、公共设施、牌匾标识、监控
周边环境	住宅、便利店、旅游业、房地产、银行、餐厅、地铁站
活动内容	购物、通行、观光、休息、拍照、饮食
通行人数	35 人/30 分钟（单向）
与周围环境渗透度	为周边高密度建筑群提供了一个缓冲区,既满足商业活动又为市民提供了充足的步行空间,缓解人流压力,强调了与环境的衔接,创造了丰富的步行环境

2）多重功能的通道景观空间——以望海路人行天桥道为例

城市步行空间中最多功能的还是连接了城市主干道、花园、休憩和通行的高空步行路，因为场所功能丰富，所以聚集了最多的市民，与大众联系也更为紧密。在为居民的生活便利性提供保障的同时，起到美化环境和丰富居民日常生活的功能。可以缓解城市中心区交通压力，注重与其他场地的衔接性，以线状分布为主，通过各个步行道路连接其他道路，提供给人们出行的缓冲空间活动区（见图 2-13）。

图 2-13　多功能通道（向钰 摄）

图 2-13 是望海路人行天桥道空间的现状，主要是以休息就坐和通行功能为主导。其步行空间注重人对沿街建筑及园林的需求，无论是尺度还是构筑物等要素都能注重行走的舒适功能。空间主要是以丰富的绿化沿道路引导空间，由狐尾椰（*Wodyetia bifurcata*）、棕榈（*Trachycarpus fortunei*）、苏铁（*Cycas revoluta*）和草地（紫背竹芋 *Stromanthe sanguinea*、细叶结缕草（天鹅绒草、台湾草）*Zoysia tenuifolia*、银边草 *Arrhenatherum elatius var. bulbosum f. variegatum*）组成的植物形成了良好的视觉享受，绿化面积与道路铺装比例协调，使通行的居民获得良好的绿色视觉体验。该场地视线多变，尺度较小，没有车流和噪声的影响，大多数居民行为比较悠闲。主要活动为散步、就坐、聊天、阅读、眺望和经过。在观测的 30 分钟里，通行人数为 43 人。这些观察说明了该步道能够支持住在附近的居民的社会公共活动。

3）其他步行道路绿地空间——以会展中心西侧步行道为例

在城市的发展中由于多种功能混合的建筑和交通设施，在这样的环境下产生了步行道路来满足居住或工作在此的居民的功能、活动以及环境氛围需求。由于场地宏观因素多变，这些道路也会有明显差异。这些差异是物质环境的微观特征和土地利用共同作用的结果。此类步行道路人流集中，步行目的比较复杂，应兼顾高效率与舒适性。人们行走在路上，往往会产生各种需求，包括：安全的需求、遮荫的需求、休憩的需求及交往的需求等。例如会展中心西侧的人行步道(见图2-14),是连接大型公共建筑、停车场、车行道和各周边社区的步行道路,是该区域人们步行的必经之地,所以这个道路各个时间段的人流较多。据观测统计(见表2-10和表2-11),在30min内通行的人数有92人,人群年龄比较平均。园林绿化可以直接提升步行环境的质量,主要的绿化植物有:小叶榕(*Ficus concinna*)、假连翘(*Duranta repens*)、鹅掌藤(*Schefflera arboricola*)、光叶子花(三角梅)(*Bougainvillea glabra*)。成行成排的行道树和单侧的立体绿化提高步行环境的连续性和空间辨识度。有研究表明,相对于建筑物,绿色植物对天空的遮挡更能让行人在心理上产生认同[63]。

① 韩西丽,彼得·斯约斯特洛姆.城市感知:城市场所中隐藏的维度[M].北京:中国建筑工业出版社,2016.

图 2-14　会展中心步行道现状

表 2-10　会展中心西侧步行道场地微观环境描述

场地名称	长度(m)	宽度(m)	观测时间	当日气候	空间材料	
					植物内部构成	铺装构成
会展中心西侧步行道	110	6m	10:30～11:00	多云12℃～22℃	乔—灌—草	广场砖

表 2-11　场地行为环境描述

空间特征	描　　述
空间描述	位于福田区福华三路与金田路交叉口,会展中心西侧。利用植物物种多样性和复层配植来提高空间的生态效益,将绿色空间与道路完整融合
空间要素	护栏、照明、标识
周边环境	投资大厦、酒店、购物公园、中心城、华强北商业圈
活动内容	通行、拍照、聊天、观光
通行人数	92人/30分钟
与周围环境渗透度	与公路相连提高深圳会展中心交通快捷便利程度,缓解人流压力。不同的地面铺装暗示了快速与慢速的两类人流,营造多尺度道路空间,提供多用途的功能空间

4)模块式垂直绿化空间——以深圳1979文化生活新天地为例

图2-15所示为深圳福田区1979文化生活新天地的垂直绿化现

状情况。当日天气晴朗,空气清新,使得该场地空间环境非常舒适宜人。建筑外环境和室内环境大量运用了垂直绿化,兼具商业气氛又能展示花园般的生态绿色空间。

图 2-15　深圳 1979 文化生活新天地垂直绿化现状

如表 2-12 和表 2-13 所示,调研记录可看出设计采用了模块式结构,充分利用了分散式布局,即在建筑的外表皮、构筑物和过渡空间进行绿化设计,让人在使用空间或经过的过程中始终围绕着垂直绿化。这些多界面、多尺度和造型的垂直绿化彼此相连,浑然天成,与建筑结合交织出独特的艺术美感。在这些垂直绿化的映衬下,模糊了室内与室外的界限。该空间是典型的模块式种植垂直绿化,最大程度实现了植物多样性。场地光照和通风条件良好,植物郁郁葱葱。模块式结构垂直绿化能随时更换植物品种,展示变化丰富的景观效果,应对不同季节和节日需求。冬季仍以绿色植物为主,主要有 6 种植物,深浅不同的绿色、多种叶型搭配在一起,营造了具有生命力的植物墙。

表 2-12　深圳 1979 文化生活新天地垂直绿化微观环境描述

场地名称	面积(m²)	观测时间	当日气候	结构
1979 文化生活新天地	300	15:30~16:00	多云、19℃~26℃	模块式

表 2-13　深圳 1979 文化生活新天地垂直绿化场地环境描述

空间特征	描　　述
空间描述	该垂直绿化位于集文化产业的创意、办公、展示、交易及配套服务等于一体的多元化新型文化产业园区。园内绿化设计前沿,形式多样,与"文化创意"相得益彰
植物构成	鹅掌柴(鸭脚木)*Schefflera octophylla* 肾蕨 *Nephrolepis auriculata* 假连翘 *Duranta repens* 花叶假连翘 *Duranta erecta 'Golden Edge'* 银纹沿阶草 *Ophiopogon jaburan Argenteivittatus* 小蚌兰 *Rhoeo spathaceo cv. "Compacta"*

空间特征	描　述
场地功能	艺术交流、时尚设计、高级定制、湖畔休闲、艺术体验
设计细节	模块式结构设计,能多品种种植,利于更换,满足空间变化
与周围环境渗透度	绿化与建筑外立面、构筑物相融合,将周边的商业和娱乐休闲紧密结合。是高密度城市园林绿地公共空间值得借鉴和参考的重要场地

3. 深圳微绿地空间调研总结

（1）空间环境生态：植物类型丰富,占道路总面积的一定比例。绿地配置大部分都以乔、灌、草搭配为主,人行步道的材料以渗水砖为主。能适应日照强且热量大、降雨量丰富的亚热带气候条件,在遮阳、降低雨水径流等生态效益起到一定作用。

（2）步行道路尺度宜人,创造了健康、亲切的环境氛围,促进了步行道路的归属感。有些城市为了追求"花园大道和卫生城市",往往在道路两旁种满了植物,甚至直接去掉人行道,取消了这些可能沟通的地方。人们相遇的机会变少后,空间便会变得冷清。所以步道并非是连接 A 点到 B 点那么简单,而是会发生很多活动的公共交往空间。

（3）密集、多样化的步行街道,形成了丰富的道路网络,一方面连接了各个不同功能的区域；另一方面也为人群的出行提供了多样性的选择,增强了人们对步行道路的使用,也使得人们的生活更为便捷,避免了资源的浪费。

（4）垂直绿化突破场地的限制,不仅应用于建筑外立面,在步行道路空间中也较多见。其广泛的开发利用,对节约土地、美化城市、促进城市生态的平衡意义深远。垂直绿化是未来绿化增量的重要途径之一。

2.2.3　立体之城——香港的微绿地景观

1. 香港绿地建设概况

香港是全球高度繁荣的国际大都会之一,是世界高密度城市的典型代表。截至 2014 年末,总人口约 726.4 万人,人口密度 29 400 人/km²,人口密度居全世界第三。在巨大的人口压力之下,香港仍然保持着 67% 的绿地[64]。香港地理环境特殊,地形以丘陵为主,只有约 20% 的平地。资源条件决定了香港只能通过提高土地使用率来解决城市建设需求,长期以来采取"高层、高密度"的城市建设方针。正因如此,香港在高人口密度的同时,仍然保留大量未开发的郊野土地。这种特殊的土地资源模式,无论在空间结构还是功能模式上,都呈现

① 陈弘志,刘雅静.高密度亚洲城市的可持续发展规划——香港绿色基础设施研究与实践[J].风景园林,2012,（3）：55～61.

出一种复杂性和多样性,引起世界各地研究者的关注。香港的建筑之间的间距很小且关系紧密,附近一般都设置有小面积的绿色开放空间,由于地价昂贵,空间有限,街头绿地最为常见,空间内以休憩和水景为主。街道以行道树为主要绿化,配置可移动的花槽,这些大大小小的街头绿地与道路相连,弱化了城市的密度与建筑的冰冷,使得城市空间结构和形态界面连贯而统一。另外,与传统街区的高密度空间格局不同,香港城市表现出立体化、高空化叠加发展的特点。通过平面与立体开发相结合的方式充分挖掘绿色空间的建设潜力,提高城市绿量。在高密度城市里,建筑的高容积率和高密度是绿地拓展的既定条件,应通过优先建设集中式公共绿地,实现绿地与建筑空间的互补[65],使城市各功能连为一体,多样化的园林绿地空间有别于传统的方式在高效地交流互动,形成独特的城市景观,增强了公共性、便利性的特点,向低碳集约方向发展。

① 陈可石,崔翀.高密度城市中心区空间设计研究——香港铜锣湾商业中心与维多利亚公园的互补模式[J].现代城市研究,2011,(8):49~58.

2. 街头绿地及步行道路绿地空间调研

对位于香港中环的微绿地空间做了实地调研,共计 20 个微绿地空间。主要分为街头绿地和步行道路绿地两类微绿地空间。如表 2-14 所示,对每种类型下的一个空间做了细分统计,例如街头绿地包含了社区公园及城市花园,便于更好的理解香港高密度环境下的微绿地空间类型及使用特征。对表 2-14 中标注了下划线的空间场地做了更细致的微观环境和空间行为环境特征的观测记录。根据对几类微绿地用地功能、空间建设经验进行分析,总结出香港高密度城市绿地空间策略,即构建集约混合的土地利用模式和建设层次多元的绿地空间体系。

表 2-14　香港中环街头绿地、步行道路调研分类统计

绿地类型	数量	名　　称
社区公园	3	1 中环百子里公园 2 油麻地鸦打街社区公园 3 乐富横头磡中道社区公园
城市花园	3	4 市政局百周年纪念花园 5 尖沙咀海滨花园 6 尖沙咀东平台花园
街头绿地	4	7 红荔道休憩处 8 船景街 9 加连威老道街头绿地 10 红鸾街
居住区步行道路空间	5	11 调景岭体育馆旁街道 12 乐富富美街生活性街道 13 文社里住宅梯道 14 香港理工大学宿舍旁街道 15 调景岭彩明路
临街步行道路空间	3	16 威灵顿街 17 阁麟街 18 德已立街
城市通道空间	2	19 红磡海滨长廊 20 科学馆立体步行空间通道

注:标记下划线的场地作为代表性案例详细举例。

1) 社区公园空间——以中环百子里公园为例

香港非常注重微型社区绿地空间建设。在寸土寸金、居住密度极高的香港，土地资源紧缺，建设效益追求最大化，建设大型城市公共绿地空间的资源十分有限。因此，香港政府转而寻求通过在社区公共空间采取小尺度绿化的方式，提高社区及公共区域的绿化覆盖水平，尽可能多地增加微型绿地空间。运用"以少做多"的建设策略，逐步提高城市的绿化程度，在提供市民便捷的公共休憩空间的同时，有效降低 CO_2 排放。位于中环的百子里公园，现状如图 2-16 所示。百子里公园作为一个追溯古老的城市肌理和含蓄的主题公园，再现辅仁文社旧日的风貌，以"中国革命的起源"为设计主题。在设计概念上使用展览要素和空间，创建了明确的有形和无形遗产；同时给空间一个独特的身份，为市民提供一个室外空间，不仅能感受历史，更能加强邻里的交流以及体现百子里街道的特征。

图 2-16 百子里公园现状

2017 年 1 月 6 日对百子里公园做了微观环境(见表 2-15)与空间行为(见表 2-16)调研记录。当日天气多云有微风，在观测的 30 分钟里，大约有 67 人在公园停留。公园里以青年和中年人较多，主要进行的活动为聊天、打电话、看报纸等。在巷道入口，半封闭、半开放空间和阶梯状人行道形成多个独特的节点空间，人们喜欢靠在栏杆上或在灌木旁的条凳上坐下来，园林植物与空间设施完美结合。观测表明，百子里公园充分发挥了微绿地的功能，同时传达了历史纪念性，吸引了附近居民及游客参观。

表 2-15　香港百子里公园微观环境特征调研

场地名称	空间类型	占地面积	观测时间	当日气候	空间材料	
					植物构成	铺装构成
百子里公园	社区公园	1 581m²	13:30～14:00	多云、微风 20℃～23℃	乔—灌—草	广场砖、木栈道、橡胶

表 2-16　香港百子里公园空间行为环境调研

空间特征	描　　　述
空间描述	该公园为革命纪念性公园,其独特的封闭式公共空间和多出入口的台地式地理位置,使百子里公园活化成为集休憩、娱乐及学习元素为一体的公共空间。
空间要素	桌椅、石凳、游乐、雕塑历史展板、垃圾箱、路灯、标识、盲文地图
周边环境	居民住宅楼、菜市场、商业街道、写字楼
活动内容	人行步道、儿童娱乐、休憩、纪念性(辛亥革命)
逗留人数	67 人/30min
与周围环境渗透度	公园将周围社区结合在一起,振兴历史故地,采用本地植物构建无障碍景观。帮助公众对当地的历史深层次地了解,连接过去,创造未来

2) 城市花园空间——以香港市政局百周年纪念花园(北)为例

城市花园最重要的是拥有广泛的社会活动,人们在城市花园中的各种聚集活动对此类空间提出更高的公共性活动要求。市政局百周年纪念花园(见图 2-17)四周被购物商厦包围,前身是九广铁路连接何文田及尖沙咀之间的路轨的其中一段。路轨被拆卸开发为公园,

图 2-17　香港市政局百周年纪念花园现状

于 1983 年启用,适逢香港市政局成立 100 年,公园因而得名。

2017 年 1 月 7 日对香港市政局百周年纪念花园(北)做了微观环境(见表 2-17)与空间行为(见表 2-18)观测调研记录。当日阴天,几乎无风。来公园的大多是在附近购物的人群,他们在这里暂歇一时,眺望远处的城市景观;也有一些摄影爱好者,聚集在水池附近。这个公园虽然处在闹市区,车水马龙,但由于座位较多,环境宽敞,形成了较为独立的空间。另外,主入口与道路连接,可达性极强。在考虑景观形象的同时,水和植物对微绿地的生态环境非常重要,灌木和乔木形成场地背景,草地保证了视线的开阔,水流的声音淹没了城市噪声。

该空间对使用者的行为活动进行了较多考虑。通过观测,30min里在公园逗留的人群约 51 人,他们能找到合适的地方单纯地就坐,或者聊天。关于公园座椅、提供活动和遮风挡雨等公共设施也很重要,各种不同的座椅使这个微绿地公园备受欢迎,露天的长凳、花架廊下的单人或多人座椅、水边坐凳使来到公园的人们有事可做,增加空间的使用率,缓解周边的人流密度。无论是经过还是逗留,香港市政局百周年纪念花园都是一个生机盎然、有活力的绿色空间。

表 2-17 香港市政局百周年纪念花园微观环境特征调研

场地名称	空间类型	占地面积	观测时间	当日气候	空间材料	
					植物构成	铺装构成
香港市政局百周年纪念花园(北)	城市花园	800m²	15:20～15:50	阴天、微风 18℃～24℃	乔—灌—草	广场砖、花岗石、木栈台

表 2-18 香港市政局百周年纪念花园空间行为环境调研

空间特征	描述
空间描述	位于尖沙咀地铁站 P 出口。属于城市中心商圈的纪念性城市花园。空间的功能性、开放性、包容性、可达性强。构筑物分明,以现代风格为主
空间要素	花池、水景、座椅、花架廊、路灯、垃圾箱、照明
周边环境	广场、地铁站、酒楼、商场
活动内容	公共绿地空间、娱乐、休憩、纪念性(香港市政局成立 100 周年)
逗留人数	51 人/30 分钟
与周围环境渗透度	连接了周围的环境,将周边网状结构的建筑群在这个花园聚集成一个点,绿地与空间的比例增加了游客的容量,平衡了城市中心区公共空间不足的问题

3) 街头绿地空间——以船景街街头绿地为例

船景街街头绿地(见图 2-18)极富想象力和原创性。这个场地的风格既传统又现代,主体性非常强,与一般强调使用功能的微绿地有所不同。空间里使用了多种装饰元素,例如景观空间中的雕塑、路灯,还有一根根的装饰立柱,每一个立柱都有不同题材和造型装饰。人们通过它观察城市、回忆历史、感受当下,带来有生机的城市生活。船景街街头绿地为人们提供了一个短暂休息的场地,同时装饰了街景。修剪过的灌木丛刚好遮挡了视线,将花园与街道分离,体验繁忙都市生活片刻的宁静。

图 2-18　船景街街头绿地现状

2017 年 1 月 6 日对船景街街头绿地做了微观环境(见表 2-19)与空间行为(见表 2-20)观测记录。虽然船景街街头绿地仅 400m²,但是吸引了很多游客逗留,在观测的 30 分钟内,有 227 人在此空间逗留、聊天和拍照等。特别是青年人占了大多数,增添了空间的朝气和活力。人流持续且不间断,其高频度的使用,足以证明该街头绿地对城市的重要性,同时也体现作为公共空间的吸引力和必要性。

表 2-19　船景街街头绿地微观环境特征调研

场地名称	空间类型	占地面积	观测时间	当日气候	空间材料	
					植物构成	铺装构成
船景街街头绿地	街头绿地	约 400m²	18:20～18:50	多云、微风 20℃～23℃	乔—灌	混凝土广场砖

表 2-20　船景街街头绿地空间行为环境调研

空间特征	描　　述
空间描述	位于香港德安街与红鸾道间隔处,船景街 9 号(邮轮建筑)旁,具有较强趣味性、艺术性和色彩装饰性,提升公共空间的艺术特征
空间要素	垃圾箱、标识、路灯、坐凳、构筑物(装饰柱、炮台)
周边环境	酒吧、特色餐厅、购物商场、生活便利、住宅区
活动内容	公共绿地空间、娱乐、休憩、纪念性、通行、观光、候车
逗留人数	227 人/30 分钟
与周围环境渗透度	把商业空间舒适地和通往住宅的通道连接起来,最大化和合理地分配空间容量,增加空间节点的弹性,创造出吸引人来逛街和停留的空间,缓解人流压力

　　4) 居住区步行道路空间——以调景岭体育馆旁街道为例

　　调景岭体育馆旁街道(见图 2-19)弱化了传统街道的平铺直叙,是一处分段花园的设计,特点在于将交通和休闲娱乐设施的和谐搭配。在街道的节点位置设置了康体设施、自行车停靠、花架廊和休息座椅。为通行的人提供了丰富而又连续的活动空间,尺度宜人,人行系统连贯,创造了安全和愉悦的步行环境。

图 2-19　调景岭体育馆旁街道现状

　　对调景岭体育馆旁街道的微观环境(见表 2-21)与空间行为(见表 2-22)做了观测调研记录。30 分钟里有 112 人通过,有 26 人停下来使用康体设施。道路铺装根据使用功能做了区域划分,在使用中暗示了场所空间的限制与指引。

表 2-21　调景岭体育馆旁街道微观环境特征调研

场地名称	长度(m)	宽度(m)	观测时间	当日气候	空间材料	
					植物构成	铺装构成
调景岭体育馆旁街道	150	30	16:10~16:40	多云、微风 18℃~24℃	乔—灌	广场砖、安全地胶

表 2-22 调景岭体育馆旁街道空间行为环境调研

空间特征	描 述
空间描述	位于调景岭体育馆与图书馆之间,北面住宅群林立。有效解决了人行步道、出行、休憩、健身等功能空间的需求
空间要素	座椅、路灯、标识、垃圾箱、自行车停靠、花架廊
周边环境	学校、住宅(彩耀阁、彩荣阁、彩明苑等)、便利店、图书馆、体育馆
活动内容	公共交通空间、娱乐、休憩、步行、骑自行车、便民康体运动、观光
通行人数	112 人/30 分钟
与周围环境渗透度	是联系周边建筑环境与汽车道路之间的步行缓冲空间,具有开放性和包容性,兼容步行与康体健身等功能,有效补充了公共休闲空间的不足

5) 临街步行街空间——以阁麟街为例

阁麟街位于香港岛中环半山区一带(见图 2-20)。山下连接皇后大道中交界,山上连接摆花街及结志街。整条人行步道的上方为中环至半山自动扶梯系统的一部分,桥下空间绿化与休息、通行相结合,形成了垂直立体的交通体系。阁麟街所处的位置正是香港的闹市区,两侧建筑紧密排列,极少留空,有的呈现剧烈的凹凸变化,是历史、商业、休闲和绿地的街道。香港的商业街步行道路在这种连续、复杂、半封闭空间特征下,充分实现了每一寸土地的价值,从而也确保了街道连续的空间品质[66]。阁麟街的微观环境观测与空间行为的调研记录如表 2-23 和表 2-24 所示。阁麟街的街道尺度、街道环境是人们愿意停驻闲逛的地方,街道两侧建筑底层主要作商业用途,多为以美食、化妆品和药店为主的小店面。行人道路部分设计为行人地带、街道设施及绿化地带、建筑物毗邻地带。由于空间限制,仅在桥下花池内种植了灌木和草,花池周边为行人提供休息就坐。

① 刘剑刚,城市活力之源——香港街道初探[J].规划师,2010,(7):124~127.

图 2-20 阁麟街现状

表 2-23 阁麟街微观环境特征调研

场地名称	长度(m)	宽度(m)	观测时间	当日气候	空间材料	
					植物构成	铺装构成
阁麟街阶梯步行空间	100	12	12:00~13:30	阴、微风 18℃~24℃	灌木—草	广场砖、混凝土、大理石

表 2-24　阁麟街空间行为环境调研

空间特征	描　述
空间描述	位于新威大厦、国麟大厦、佳德商业大厦交界处。该场地地形变化丰富，同时解决多种交通问题。整合了步行、车行的空间关系，利用立体的道路关系将空间划分为人车分流，提高通行效率
空间要素	空中连廊、座椅、牌匾、指示牌、石凳、垃圾箱
周边环境	便利店、餐厅、写字楼
活动内容	通行、逛街、休息、拍照、聊天、享受美食、购物、展示、观看
通行人数	1 690 人/30 分钟
与周围环境渗透度	步道的宽度保持在 3～10m 以内，加强了街道两侧的联系，能够保持对话交流

6）城市通道空间——以科学馆立体步行空间通道为例

步行天桥系统在香港大量出现，连接了主要建筑物和主干道，使街道生活从地面扩展至二层标高，实现了人车分流，为行人提供一个全天候安全的步行环境。有的步行天桥同时还有其他辅助功能，连接建筑内部空间趋向公共化和延伸化。

如图 2-21 所示，科学馆立体步行空间将道路、绿地、居住区等连接起来，尽管外形朴素，但极大地改善了休闲和出行环境，延续了街道的多层次空间，使交通与园林绿地连通成一个体系。微观环境（见表 2-25）与空间行为（见表 2-26）观测调研记录了科学馆立体步行空间通道为了给市民创造更多绿地空间，将天桥底、架空层、桥体空隙等被忽略掉的剩余空间开发成为园林绿地资源，充分体现了高密度城市微景观的空间特点。利用行人通道把周边的建筑和交通枢纽连接起来。缓解交通拥堵，减少汽车尾气污染，从而获得安全、舒适、洁净的城市环境。

图 2-21　科学馆立体步行空间现状

表 2-25　科学馆立体步行空间微观环境特征调研

场地名称	长度（m）	宽度（m）	观测时间	当日气候	空间材料	
					植物构成	铺装构成
科学馆立体步行空间通道	150	2.5	16:30～17:00	阴、微风18℃～23℃	乔一灌一草	沥青

表 2-26 科学馆立体步行空间行为环境调研

空间特征	描　　述
空间描述	位于密度较高的居住区,采用螺旋式上升空间的通道连接周边环境,与周边的天桥连接,节省空间,解决功能问题
空间要素	花坛、垃圾箱、路灯、标识、垃圾桶
周边环境	酒楼、银行、写字楼、商业街、香港科学中心
活动内容	通行、观光、逛街、休息、聊天、购物、展示
通行人数	62 人/30 分钟
与周围环境渗透度	将道路、绿地、居住区等连接起来,改善休闲和出行环境。形成多样化的城市空间,延续了街道的多层次空间,使交通与园林绿地连通成一个体系

3. 香港微绿地空间调研总结

香港在对城市微绿地开发模式、步行交通组织出行方式、公共空间结构体系等方面的实践,值得正在建设中的高密度城市借鉴。最为突出的有以下三个方面。

1) 通过绿地开敞空间,逐步提高城市绿地使用率

香港各类微绿地空间建设的经验表明,城市空间绿地发展主要取决于功能的紧凑化,将多个功能空间与园林绿地结合,提高公共空间的使用效率,同时提升城市绿化覆盖率。因此,构建集约混合的土地利用模式,建立层次多元的绿地空间系统,加强各类空间的景观联系,形成点(微绿地开放空间)、线(绿道)、面(立体垂直体系)是香港高密度城市发展背景下建设微景观的重要途径。当一个区域被许多未开放的绿地填充,人们便会被分散,不再总是聚集在有限的公共空间,于是密度也就不再变得敏感。建立微绿地空间,可提高城市运行的效率,形成一个多样化的城市景观。

2) 通过立体绿色空间复合设计,提高绿地空间垂直方向开发

以地铁、公共汽车、轻便铁路、电车、轮渡这些交通方式互相结合、交叉重叠,可达性很强,大大改善了人们步行、车行和换乘的空间环境。形成了地上、地下和地面相互交织、多维度的公共交通绿色空间,将多个交通功能集中布局,使人们在较近的范围内完成多样化的活动,减少远距离和重复性交通,适合高密度城市步行交通模式的空间特点。

3) 通过步行系统、自行车绿道,连接城市多个景观节点

香港的行人环境规划遵循设施连接、安全、舒适畅达、具有吸引力和景致优美的原则,鼓励市民以步代车,从而提升城市活力、低碳和可持续发展。将主要公园、景点、水体等景观节点连接起来,改善游憩、休闲和出行环境。街道的延续性,保证了城市园林绿地的延续

性。通过连续的步行道路空间展示了高品质、连续而封闭的线性空间特点。

2.2.4 多元文化——澳门的微绿地景观

1. 澳门绿地建设概况

澳门(Macau)是一个国际自由港,是世界人口密度最高的地区之一。人口密集的澳门半岛城区以散点式分布的小面积绿地为主,绿地率虽然不高,但居住建筑用地与休闲游憩绿地融合度较高,保证了城市中心区的生态景观质量。在澳门,同一管理权属单位的绿地面积最小统计值为 10m²。利用一切边角和剩余空间,见缝插绿是澳门拓展绿色空间的有效方式。例如街头花园、道路绿化、庭院绿化、路边空地、道路交叉口、人行道分隔绿带等,虽然与尺度较大的公园相比面积较小,但是由于这些微绿地分布广、独立、可服务的人群多,故而是有效的绿地途径。澳门从 2010 年到 2015 年的绿地率由 24.83%增长到 25.91%,小于 100m² 的绿地在统计中增长率最高,占了86.8%的比重。可见,这些小块绿地直接影响着澳门半岛的城市绿地面积和绿地率的变化趋势[67]。

2. 街头绿地空间调研

通过对澳门的 21 个微绿地空间(见表 2-27)做了实地调研,总结其绿地特征为:绿地面积小、布局分散、街头绿地比例较多。主要有城市花园、街头绿地、宅旁绿地、公共绿地、通道绿地 5 种类型。除了线型空间通道绿地,其他绿地类型在空间格局比较接近。本节对每类微绿地空间中的一个空间(标注下划线的空间)做了详细描述。

表 2-27 澳门微绿地空间调研分类统计

绿地类型	数量	名 称
城市花园	3	1 华士古达嘉马花园 2 龙环葡韵 3 加斯栏花园
街头绿地	4	4 黑桥地堡街 5 罗利老马路街头绿地 6 议事厅前地街头绿地 7 高园街街头绿地
宅旁绿地	5	8 十月初五街绿地 9 官也街社区绿地 10 快艇头里社区绿地 11 白雀巢公园入口 12 黑沙环第二街社区绿地
公共绿地	4	13 大三巴牌坊附属绿地 14 澳门演艺学院入口 15 炮兵街至疯堂阁绿地 16 澳门运动场环形地下广场
通道绿地	5	17 嘉模墟绿廊 18 仁慈堂右巷 19 望德圣母湾街 20 嘉模墟梯级绿地 21 罗保博士街

注:标记下划线的场地作为代表性案例,是本章主要调研场地。

① 肖希,李敏.澳门半岛高密度城市微绿空间增量研究[J].城市规划学刊,2015,(5):105～110.

1）城市花园空间——以华士古达嘉马花园为例

澳门城市广场被称为"前地"，根据环境空间的不同形成不同形状的、较为开阔的空间，通常四周都有建筑物围合。"前地"从字面理解即为尺度较小、面积有限的微空间。这些"前地"历史悠久，半数的前地历史都已有百年以上。最有代表性的是"市政厅前地、岗顶前地、板樟堂前地"等具有典型葡萄牙风情的城市风貌。同样能反映出澳门历史和多元文化的还有城市公园，也称城市花园，风格比较多样化，但总体上面积都比较小，开放性极强。既有历史性的加斯栏花园、华士古达嘉马花园（见图 2-22），也有中式传统花园，体现了澳门多元的园林文化。这些城市花园为市民提供了多种活动场地。植物、喷泉、园林建筑、雕塑、休憩设施、铺装等基本构成要素，为人们提供便捷的服务。受葡式建筑风格的影响，在园林建筑上运用了一些葡式雕刻装饰，体现为扭转造型的圆柱、花草、绳索等形象符号，碎石图案铺地也在城市花园大量运用。

图 2-22　华士古达嘉马花园现状

对华士古达嘉马花园进行了观测记录，如表 2-28 和表 2-29 所示，展示了该空间的环境特征以及人们聚集在这里的驻留时间、活动内容等信息。这些活动包括坐、站、阅读、使用电子产品、散步、遛宠物等，相互之间和谐、互不干扰。该花园空间内提供了多样化的休息座椅，无论是花池边上还是专门设置的座椅，人们喜欢坐在花园里聊天、享受美食或欣赏过往的行人。周边有提供消费的便利店、餐厅和咖啡厅等，大部分人都会驻足超过 30 分钟。

表2-28　华士古达嘉马花园微观环境特征调研

场地名称	空间类型	占地面积	观测时间	当日气候	空间材料	
					植物内部构成	铺装构成
华士古达嘉马花园	城市花园	3 108m²	15:00～15:30	多云、微风 17℃～22℃	乔—灌—草	广场砖

表2-29　华士古达嘉马花园空间行为环境调研

空间特征	描　述
空间描述	位于澳门半岛松山山脚,得胜马路、东望洋街、东望洋斜巷之间中心夹角。建于1878年,为纪念性公园。地形为斜坡,空间立体效果较强,功能性强,构筑物以西洋风格为主,属于城市住宅区与中心商圈融合的城市花园
空间要素	座椅、凉亭、花坛、卵石步道、路灯、垃圾箱、标识、停车场
周边环境	咖啡店、书店、参观、冰淇淋店、便利店
活动内容	纪念、人行步道、休憩、观光、集会、拍照、跳舞、聊天、饮食、音乐演奏台
逗留人数	115人/30分钟
与周围环境渗透度	贴近市民生活,除了城市花园的一般功能外,也起到了缓解人流压力的作用,必要时甚至可以作为救灾应急用地

2) 公共绿地空间——以大三巴牌坊附属绿地为例

澳门半岛道路两侧多为建筑,在临街的建筑墙基处有许多"边角料"空间、建筑散水空间、墙角空地等,有的空间由于其面积狭窄且狭长,宽度一般不足1m,在绿化建设中常被忽略,可以在后期加以利用作为景观用地。另外还有一些因为地块界定模糊而产生的路边残余空间,将这种消极空间化零为整,提高微景观在城市绿地空间的密度。例如大三巴牌坊附属绿地(见图2-23),这些路边空地经过修正

图2-23　大三巴牌坊附属绿地现状

后成为规模很小的城市公共空间,呈斑块状隐藏在城市的道路边,设计精巧,在功能上也很好地应对了周围的环境需求。通过表 2-30 和表 2-31,可以了解这块附属绿地的基本情况,尤其是在节假日游客密集的情况下对人流的疏散起到重要作用。这种补充和增强的途径创造出更大价值,比起简单开辟一块新的场地更积极主动。澳门的建筑物旁、道路边甚至是狭窄的步行道路与车行道之间的护栏旁都创造了细密的景观,实现城市功能的融合与渗透。

表 2-30　大三巴牌坊附属绿地微观环境特征调研

场地名称	空间类型	占地面积	观测时间	当日气候	空间材料	
					植物内部构成	铺装构成
大三巴牌坊附属绿地	公共绿地	380m²	11:00～11:30	多云、微风17℃～22℃	灌一草	彩色水泥砖

表 2-31　大三巴牌坊附属绿地空间行为环境调研

空间特征	描　　述
空间描述	位于大三巴景点后方的居住区附近,一侧是道路边界,一侧是小山坡,属于半开放的路边空地微景观,空间形态为矩形,主要以休憩功能为主,公共性、开放性强,功能相对单一,为居民或游客提供暂时休息的场地
空间要素	座椅、花池、路灯、垃圾箱、标识
周边环境	大三巴、道路、便利店
活动内容	小坐、休憩、聊天
逗留人数	15 人/30 分钟
与周围环境渗透度	为过往行人提供小坐和等候空间,平日也是社区居民的公共休憩空间,节假日时可以分担景区庞大的人流压力

3）通道绿地空间——以望德圣母湾街为例

澳门半岛的步行公共空间系统不仅是一种绿色低碳的交通方式,更是一种把澳门半岛的公共景观空间以及公共服务设施串联成为一个网络组织系统,使澳门半岛的步行公共空间系统成为高效以及具有活力和特色的典范[68]。步行系统不仅是一种绿色低碳的交通方式,更是一种组织系统。如望德圣母湾街通道绿地(见图 2-24,见表 2-32 和表 2-33),主要功能是提升通行效率和品质,营造宜人的步行空间,确保高密度城市紧凑化、连续化的景观,增加了两点间步行联系的路径,激发人们潜在的交往和活动需求。

这一步行通道与植物结合的设计,绿化植物不求多但求实用,和周边环境紧密结合的空间整体效果,提高了可达性。作为舒缓交通、

① 魏刚,蒋朝晖,岳欢.城市高密度地区公共空间整合改进策略研究——以澳门半岛地区为例[J].中国城市规划年会,2013.

分散人流的线型空间,形成了澳门道路系统的结构性框架之一。

图 2-24　望德圣母湾街通道现状

表 2-32　望德圣母湾街通道微观环境特征调研

场地名称	空间类型	长(m)	观测时间	当日气候	空间材料	
					植物内部构成	铺装构成
望德圣母湾街通道绿地	通道绿地	200	14:00~14:30	多云、微风 17℃~22℃	乔—灌—草	木栈道、彩色水泥砖

表 2-33　望德圣母湾街通道空间行为环境调研

空间特征	描　　述
空间描述	位于望德圣母湾街旁,属于半开放绿色廊道。空间形态为线性,功能以通行、休憩为主。有效遮挡日晒雨淋。尺度较小,有植物围合,空间以人行步道为主,街道非常平整,传送带增强了步行空间的舒适性和便捷性
空间要素	传送带、花坛、坐凳、护栏、路灯、垃圾箱
周边环境	路氹历史馆、商业街(官也街)、赌场(威尼斯人、银河)、天桥、城市花园(龙环葡韵)、学校
活动内容	通行、观光、聊天、休息
通行人数	110 人/30 分钟
与周围环境渗透度	连接两端主干道,辅助硬质步行道路。提供两种通行方式,避免了人群的拥挤、停滞不前,提高了通行效率

4) 宅旁绿地空间——以十月初五街宅旁绿地为例

宅旁绿地与小区游园及街旁绿地有相似的概念。这些居住区之间的小花园是居民休闲生活的主要空间载体,是游憩、健身和邻里交往的必要场所。澳门宅旁绿地多毗邻城市道路或街道,与住区联系密切,公共开放且规模不大,以游憩功能为主,是邻里交往的重要场所,居民在此聚集、会谈、聊天等活动,不仅是孩子玩耍的场所,也是成年人交流信息和观赏花木的空间。

十月初五街宅旁绿地(见图 2-25)是旧城中街巷通道及其毗邻的小空地逐渐发展起来的小型休憩空间,经过铺装美化、立面整饰、增加绿化、设置城市家具及休憩设施,逐步形成今日市民所喜爱的社区公园。表 2-34 和表 2-35 记录了场地空间特征及人的行为活动内容等信息。绿化主要通过种植槽、攀缘援植物的形式,较好地处理了有限的占地面积和遮阴的关系,高低错落的种植池结合坐凳集约利用空间。作为增加人居环境的舒适度,亭、廊架、圆凳和健身器材在这一类花园中都很常见,活动设施的数量和绿化面积依据场地空间而定,体现出以民为本的公共服务精神,整体上布置舒适自然。宅旁绿地是周边居住区居民健身休闲的重要场所,分布在各个生活区内,加强了人们对场所的利用。

图 2-25　十月初五街宅旁绿地现状

表 2-34　十月初五街宅旁绿地微观环境特征调研

场地名称	空间类型	面积	观测时间	当日气候	空间材料	
					植物内部构成	铺装构成
十月初五街宅旁绿地	宅旁绿地	506m²	11:00~11:30	多云、微风 17℃~22℃	灌—草—爬藤	清水泥

表 2-35　十月初五街宅旁绿地行为环境调研

空间特征	描　　述
空间描述	半开放社区类街头绿地,四周被住宅与道路包围,紧密结合周边建筑群。功能形式以休憩、健身为主。休憩区配有棚架遮风挡雨,此社区公园功能性、目的性强,可达性高,与居民生活密切相关,生活气息浓厚
空间要素	健身器材、长条坐凳、水泥铺地、路灯、垃圾站
周边环境	住宅区、商铺、街道
活动内容	休憩、健身、聊天、集会
逗留人数	15 人/30 分钟
与周围环境渗透度	此空间位于居住建筑间隔内,相对其他绿地与周边环境联系更加紧密,与居民生活密切相关,愈加凸显便捷与可达性

5) 街头绿地空间——以黑桥地堡街头绿地为例

黑桥地堡街头绿地(见图 2-26)位于人口密集的商住和居住用地区域内,适用对象主要是附近的居民或来往的游客,与道路联系紧密,布局灵活,根据使用功能进行空间开发,在材料的运用上也很朴素。平面构图简洁,没有追求特别的造型、设计风格,非常重视结合场地本身的实际功能。类似这样的街头绿地不仅方便市民,更保护了文化历史脉络,完善了城市空间肌理。其绿地空间布局有非常值得学习借鉴的经验,对探索适应超高密度城市环境的绿色空间拓展途径,以期促进此类城市社会、经济的可持续发展有很大作用。城市都需要尽可能错综复杂并且具有相互支持的多样功能来满足人们的生活需求。简·雅各布斯提出"多样性是城市的天性"(*Diversity is nature to big cities*),是城市活力得以保持的根本原因。无数的城市微绿地造就了城市的多样性及不同空间功能的转换。表 2-36 和表 2-37 记录了该场地的空间特征和人的使用情况。从空间格局来

图 2-26　黑桥地堡街头绿地现状

看,构图规矩简洁,采用边界实、中部空的空间处理方法,设置种植池与休憩坐凳构成主要元素。营造休憩环境的同时形成局部视线遮挡,在心理上形成安全的空间效果。有效增加绿量的同时,也容纳了人的活动。

表 2-36　黑桥地堡街头绿地微观环境特征调研

场地名称	空间类型	面积	观测时间	当日气候	空间材料	
					植物内部构成	铺装构成
黑桥地堡街头绿地	街头绿地	405m²	16:00～16:30	多云、微风16℃～21℃	乔—灌—草	广场砖

表 2-37　黑桥地堡街头绿地行为环境调研

空间特征	描　　述
空间描述	位于三岔路口转弯处,场地一侧是道路边界,属于小区类系列街头绿地,空间形态为块状,兼具绿地、公共活动空间、休憩空间的功能,尺度较小。设施有花坛、座椅、石桌和无障碍通道等,很有生活气息,功能性、目的性强,可达性极强
空间要素	座椅、花池、红砖铺地、路灯、垃圾箱、自饮水、无障碍通道
周边环境	周边环境以居住区、商业街(官也街)、道路(黑桥地堡街)为主,硬质建筑多,用地紧张,居民活动空间缺失,小区慢慢丧失活力
活动内容	休憩、候车、下棋、集会、聊天、饮食
逗留人数	19 人/30 分钟
与周围环境渗透度	对广大人群的活动空间的需求做出有力响应,弥补小区因公共活动空间、休憩空间缺失导致的城市活力丧失的问题

3. 澳门微绿地空间调研总结

结合对澳门半岛各类微绿地的实际调查,分析了高密度城市微绿地的空间特点,即：小地大用、求精求巧、人地密接、绿地联通。通过调研得出,各类微绿地景观能有效提高街区空间品质及居民健康的生活质量,澳门半岛大部分居民均能实现"出门 200m 进公园",明显高于国内多数城市所要求的"出门 500m 进公园"。除了以上总结的六类微绿地空间,在澳门还有其他微绿地空间,例如一些旧城区低层建筑上盖面、天桥桥下空间、垃圾中转站或公共设施等都进行了绿化。综合来讲具有以下几个特点。

(1) 见缝插绿。将街区闲置用地规划建绿,利用道路边角空间开缝植绿,利用沿路建筑设施立体铺绿,改建路侧树池花台适地增绿等,扩大服务面,增加绿化空间。

(2) 重视人文景观。大部分场地都能在满足功能的条件下,同时具有人文景观的内涵,例如体现葡萄牙风情、澳门历史、中式传统等,风格。尤其是在重大节日期间,微绿地空间进行了灯光、饰品和艺术构筑物等,体现城市人文气氛的装点。

（3）绿地空间多元化。澳门城市人口的高密度,直接带来土地利用方式的转变,综合体现为土地利用紧凑化、开发强度大、容积率和建筑密度高、城市空间复合式立体开发、道路网密度高等特点[69]。伴随而来的绿化也更加空间多元化,例如高空绿化、垂直绿化、立体绿化等。

（4）空间系统化。通过步行道、林荫道、连廊、地下通道等方式创造多样化的线性空间联系,完善城市的肌理。点状与线状的绿地使城市空间联通、更加细密化和具有宜人的尺度,促进城市活动的连续性,实现城市功能的渗透与融合。

① 佘美萱,李敏.高密度城市绿色空间拓展途径研究——以澳门为例[J].福建林业科技,2014,(3):161～166.

2.3　典型高密度城市微绿地空间建设的启示

以 4 个高密度城市广州、深圳、香港和澳门为实例进行微绿地景观的调研,分析典型高密度城市微绿地建设的经验,对快速城市化时期中国高密度城市的可持续发展具有重要的实践价值。

4 个城市之间的微绿地景观有微妙的差异,以每个高密度城市特有的微绿地景观作为案例,能够为本部分研究提供足够的样本量。虽然广州、澳门、深圳和香港 4 个城市都是高密度城市,但微绿地空间的开发应用却采取了不同的发展模式。深圳今天的城市园林风貌很大程度上来源于改革开放社会主义经济发展的展示窗口,人行道路的规划设计非常突出,洁净整齐,繁茂的绿化带给人焕然一新的花园城市面貌。广州微绿地景观类型较丰富,近几年政府持续加大微改造的力度,使得城市的边边角角环境呈现出令人鼓舞的气象。香港的城市风貌体现了"高效",这和香港作为亚洲的金融中心分不开。无论是步行绿地、街头绿地还是空中连廊,都是建立在对土地的最大限度的利用上。虽然香港将建成区与绿地分隔开来的做法造成建筑密度过大,难以避免热岛效应,但是它最大限度地保护了城市生存所依托的生态环境,为城市的长远发展预留出了生态服务基础。在曾经 99 年的殖民统治中,香港深受英国的规划价值观影响,对自然生态环境的保护较为严格,保留了大面积的山体和海岸,在城市绿地中英国风景园的影响远比传统的华南园林的影响要大。此外,由于公众参与机制的完善,市民能够真正影响、决定城市的风貌景观。澳门把老城区自然发展形成的城市空间结构保留了下来,开发了众多的街头绿地作为公众生活的主要公共空间,两种截然不同的文化在这里和谐共处,中式结构搭配葡式色彩,形成了独特的城市风貌,这在亚洲城市中是非常罕见的,而这种具有强烈可识别性的景观风貌对高密度城市独特的个性及生活品质的促进功不可没。4 个城市目前出现越来越多的垂直绿化,如果全市新增 10% 的绿化面积都是垂直绿化,那么节省的土地将获得巨大的价值。随着垂直绿化技术的日益成熟和普及,在高密度城市里的应用将会越来越广泛,从而推动整个城市的生态发展进程。

如上所述,4 个城市的起源与建设微绿地的出发点有细微的差别,共同点都是在寸土寸金的场地上发展微绿地,为人们提供一个休憩的地方,提供日常的活动场地,尤其具有便捷可达的特点。所有的微绿地的选址均是基于城市结构中尺度较小或是可以算是边角废地的地方,某种意义上说是场地的利用和再生,在城市生态恢复进程中起到重要作用。微绿地空间在缓解城市中心区过度拥挤的状况的同时,对城市建设发展过程中的新旧交替的问题,对恢复和再生城市中心区的活力有着不可替代的作用。高密度的城市园林绿地建设是目前国内城市化发展进程中面临的核心问题。本章所选的几个代表性微绿地的建设可为国内同类型的微绿地空间提供参考和借鉴。

2.3.1 空间分布与均衡化

街头绿地虽然面积不大,但分布均匀,满足市民出行方便、易于到达等要求。高密度城市人的活动表现为聚集化和复杂化,对公共绿地空间的使用频率随之增多,因此要求微绿地空间达到一定数量,才能应对高密度的活动需求。通过调研发现,澳门的街头绿地服务半径最短,几乎步行五分钟便有绿地使用。微绿地的空间分布特征和服务面较广,有效填补中心城区大型公共绿地的不足。

2.3.2 空间功能与艺术性

调研中的许多微绿地空间体现了实用性、舒适性和艺术性的结合。用地选择灵活,分区布局、设施配置及体现人文景观的艺术元素充分考虑市民的多层次需要。例如香港的船景街街头绿地造型各异的柱式,提升了空间的艺术气氛,也创造了更多的人的活动内容。澳门的街头绿地构成要素和配套设施在设计风格和符号元素上具有一定的异域特色,较之于部分城市千篇一律的社区公园或街头绿地现状,有积极的借鉴意义。

2.3.3　空间拓展与立体化

在绿地有限的情况下,通过建筑外立面或其他构筑物引进植物,改善环境的同时起到建筑室内节能的作用。例如深圳的垂直绿化空间几乎覆盖了城市所有的公共空间类型(商场、地铁口、办公区、车库、商业街等)。澳门的微绿地采用树池、种植槽、移动花钵的种植形式,在提供必备活动场地的前提下保证了足够的遮阴率;同时结合休憩廊架发展立体绿化,增加三维方向绿量,向空中增绿。

2.3.4　空间多样与人性化

尽管微绿地空间小,但空间形状具有多样性、复杂性和连接性强的特点。微绿地空间包容了大部分的自然环境元素,例如植物、水体,体现出既有自然要素,又有空间灵活多变的特点。由于场地面积限制,所以非常重视使用者的需求、植物的选择、搭配和休憩设施的设计,体现人性化维度。

2.3.5　空间整合与系统化

街头绿地、步行道路绿地与垂直绿化空间互相融合,改善了高密度城市人们休闲、步行的空间环境。尤其是香港的空中步行系统,将多个功能空间与绿地结合,建立了紧凑化和系统化的绿地空间。除了已经完善的微绿地空间,还可以新增绿地。例如整合一些高密度城市中存在的"城市边角料空间",以及由于地界模糊而导致开发过后的大量残余空间[26]。类似这种空间可将其化整为零,积极转换为绿地空间。将这些规模很小的点状或线状的各类城市微绿地空间整合形成网络,促进城市绿地空间的连续性,实现具有活力、生态与可持续的森林城市。

基于对广州、深圳、香港和澳门作为调研对象来分析高密度城市微绿地的经验具有较大启发价值。在分析 4 个高密度城市的街头绿地、步行道路和垂直绿化空间关于场地的使用、构成、空间特征等,对微绿地的微观环境特征以及人们使用微绿地空间的行为环境分析后,总结了能代表微绿地空间多个维度和因素的分类统计,如表 2-38 所示。结合 Wang[70] 关于城市公园的相关研究,提炼出感知维度偏好模型(见图 2-27),将作为本书第 5 章的研究方法之一。关于感知模型的设计,是为了读取人们使用微绿地空间相关信息的途径,了解人们的感知方式和范围。这个模型中涉及的 5 个维度范围对各种微绿地空间的规划设计来说,都是一个重要的先决条件。因此,本章节的调研及设计这个模型的目的,就是希望高密度城市已经充满了高架桥、

① Wang D, Gregory B, Zhong G P, Liu Y. Iderlina Mateo-Babiano Factors influencing perceived access to urban parks: A comparative study of Brisbane (Australia) and Zhongshan (China) [J]. Habitat International, 2015, (50): 335～346.

摩天大楼等大尺度空间,在与市民生活接触紧密的微绿地空间,需要
以人的感知尺度为单位进行设计与思考为初衷。

表 2-38　影响微绿地空间使用的多个维度和因素的分类统计

分类	维度范围	感知因素		
1	感官享受	气候优势 阳光/阴凉 热/凉爽 微风	好的感官体验 好的细部设计 好的材料 树、花、草、水	人性化尺度 简单明了
2	便捷可达	步行的机会 满足步行的空间 路面平坦 无障碍设计 没有阻碍	坐下的机会 适合就坐的环境 洁净的就坐设施 邻里熟悉人群	驻留的机会 边界效应 吸引人 可停留的区域充足
3	知识推广	了解环境生态 提供建议 组织实施	参与绿色空间维护 足够的关注 自觉维护 影响周围的人	参与绿色空间宣传教育 文明宣传 促进健康 邻里重要的绿色空间
4	安全保护	设施 照明 标识 垃圾箱 野餐桌	邻里关系 生活的延伸 相同的文化背景 亲切、融洽	免受交通状况影响 对行人的保护 容易到达 不拥挤 许多入口
5	使用意愿	锻炼的机会 运动、锻炼、娱乐 四季都可以 昼夜都可以	体验绿色的机会 良好的自然景色	促进健康 提高生活质量 有助于公共空间生活

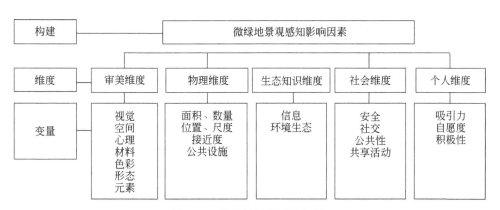

图 2-27　微绿地景观感知模型

第 3 章 分解微绿地景观设计

本章对微绿地景观的空间形态、风格和空间建构进行分析、列举、研究和总结。具体从空间密度、空间尺度、空间边界、空间界面、空间肌理进行了归纳，尝试在高密度的条件下营造出舒适、高质量的景观空间，力求充分揭示和科学表达高密度城市中微绿地景观的作用和意义。以微观的研究，宏观的视角和目标，从微绿地景观概念到提升城市绿化率和可持续发展的整体观，探讨微绿地空间可持续发展的科学途径。旨在促进城市绿化的发展，为城市绿化规划及进一步提高城市微绿地的空间质量提供相关参考依据。

3.1 微绿地景观空间形态

高密度城市可利用的景观空间资源趋向微小化。这些微小的空间分散于城市中各主体空间的周围，与主体空间相连，点缀着城市的角角落落，是连接各功能空间的过渡空间地带。微绿地景观可以增加城市生机与活力，创造出人性化、高品质生活环境，满足人们日常生活交往、情感交流的需求。

微绿地是城市园林绿地"规模、密度、生态含量"的三个转变，首先规模小；其次密度大，增加绿地类别，以街头绿地、小型广场、高空绿化、道路人行道的绿地等形式出现的小型外部公共空间，更具紧凑性特征，利用率更高，可达性更强，更便捷。凯文·林奇对城市意象中物质形态研究的内容，将城市形态归纳为五种元素——道路、边界、区域、节点和标志物。通过整合这些元素，也就是这些零散的微绿地景观，增加植物的数量、覆盖面等，结合日照、通风、雨水收集等方式创造生态环境条件，增加生物多样性。合理有效地利用好微绿地景观空间也可缓解当今城市环境空间中存在的高密度拥挤状况。

"微绿地景观"的研究是城市环境与人的关系的一次重新认识。实现人与人、人与绿地环境、人与社会的近距离对话沟通。

高密度的环境,迫使景观设计的研究者更加谨慎地考虑资源、感知、视野、自然采光、朝向、私密性和生态等问题,对微绿地的空间形态、风格和空间建构,进行分析、列举、研究和总结。这一项工作既是挑战,也有更多的发挥空间。微绿地景观以微观的研究,宏观的视角和目标,从微绿地景观概念到提升城市绿化率和可持续发展的整体观。提升对微绿地的关注度,以及对微绿地空间与人的关系、与城市的关系的重新思考和定义,不管是步行道路绿地还是街头绿地,或者其他多种多样的微绿地类型,都是希望给生活在高密度城市的人们一个随时随地贴近生活,更加便捷、平等、公平享用的绿色空间,尝试在高密度的条件下同时营造出舒适、高效的环境空间,力求充分揭示和科学表达高密度城市中微绿地景观的作用和意义,这对形成一种适应高密度城市发展的新的绿地类型有着非常重要的意义。

探讨微绿地景观的空间形态,旨在促进城市绿化的发展,为城市绿化规划及进一步提高城市微绿地的空间质量提供相关参考依据。城市微绿地景观设计作为城市整体环境设计的一部分,对人们在日常生活中频繁接触的景观空间进行更加人性化的设计,对整体的城市环境和市民活动起着重要的作用。微绿地景观设计具有一定的使用价值和文化价值,在一定程度上改善了城市景观环境,对人们的社会交往起了积极的作用,所以越来越受到人们的重视,与人们的生活紧密联系。它逐步向着感性化、技艺化、生态化、人性化发展,更加重视人的审美、心理需求,使之成为能真正有利于人们生活的空间景观,使人们可以回归自然,提高生活质量,改善生存空间,真正地做到诗意的居住[71]。

3.1.1　紧凑型

高密度城市的建设导致了绿地的减少和空气的污染,增加了交通拥堵。而紧凑型的发展理念能够释放更多的城市公共空间,并大大提高了这些空间的可达性。仇保兴在《紧凑度与多样性——我国城市可持续发展的核心理念》一文中强调了我国紧凑型城市发展模式的意义,并将紧凑度视为我国城市可持续发展的核心理念之一[72]。紧凑与城市空间密切相关,对应于通过利用较少土地提供更多城市空间来减少资源的利用。紧凑城市理念立足于可持续发展原则,是对现代许多城市粗放建设和无序蔓延式发展的一种反思,也是作为应对城市过度扩张的有效策略,曾被较多国家广为提倡并付诸实践,对建设土地集约型、环境友好型的城市具有重要指导意义。

① 姜晓军.浅谈城市景观中的人性化设计[J].园林园艺,2018,168.

② 仇保兴.紧凑度与多样性——我国城市可持续发展的核心理念[J].城市规划,2006,(11):18-24.

微绿地景观设计紧凑策略的提出是建立在对高密度城市生存环境的反思基础上对城市空间可持续发展的研究,并且尽可能地提高人居生存质量,以期帮助实现城市空间的可持续发展。相反,一些低密度的城市,大型的城市广场、园林景观和基础设施由于用地分散,降低了使用效率,造成了资源的浪费。单一功能的布置增加了出行的距离。

① 李琳.紧凑城市——高密度城市的高质量建设策略[M].中国建筑工业出版社,2020:158.

紧凑型的景观空间具有三大显著特征:高密度、高效率、高质量。与香港一样,新加坡的城市发展也是受到了土地资源的限制,但在较短时间内获得了城市面貌的改变,并且建立起一座享誉全球的花园城市,这与其紧凑型的城市发展策略是分不开的[73]。世界上许多国家和地区对紧凑型的城市发展理念有不少成功的实践。例如著名的哈德逊广场,将城市广场周边42个街区从一个不发达的地区改造成为包含了众多街道、公园和公共空间的复合型和紧凑型的社区,共同创造了连接、互动、洁净且高效的园区。不仅体现了人性化的空间,而且在生态理念上也非常先进,其屋顶花园和公共广场能收集雨水,过滤后可进行植物的灌溉。生态的实践和多个公共空间的创造是哈德逊广场标志性特征。该广场像"容器"一样由154个错综复杂的楼梯连接层、2 500级独立阶梯和80个休息层构成,为公众提供了长达一英里的垂直攀爬体验和曼哈顿西区最独特的景致之一。此外还有东京汐留地区、阿姆斯特丹泽伊达斯及伦敦的金丝雀码头,都是世界上紧凑城市实践的典范。

近年来,在我国关于紧凑型的建设策略的讨论已经逐步展开,特别是在珠三角地区,其研究成果也为高密度城市紧凑型的微绿地景观奠定了良好的基础。在此将紧凑策略对城市景观空间的积极影响概括为以下几点:

(1) 节约能源和资源消耗,促进城市各功能区紧凑化结合;

(2) 创造人性化空间,促进人与人的交流;

(3) 提供多种公共空间,完善共享型基础设计,缓解人地竞争的压力;

(4) 土地集约利用,高效率运作;

(5) 由于提高了公共空间密度,有利于保护区域生态环境和生物多样性。

图3-1表达的是高密度城市的建筑、地上、地面、地下空间、交通的多层次功能布局,通过微绿地景观创造出更多的屋顶花园、绿色活动空间、雨水花园等。在紧凑型的理念下,整合空间资源,提高城市的运作,减少能源消耗,降低空气污染程度,为城市注入活力,为市民创造更生态舒适的紧凑型的城市空间。

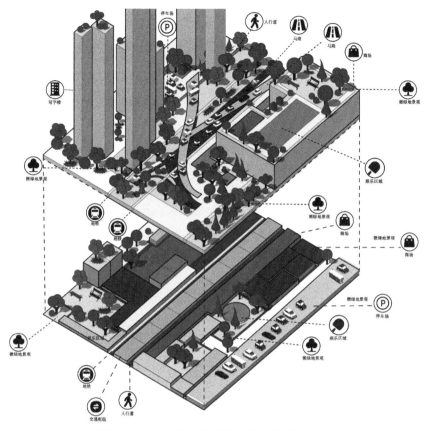

图 3-1　高密度城市紧凑型空间特征（张瑞　绘）

3.1.2　垂直型

　　当水平方向的空间不足时，城市绿地必然会向垂直空间化发展。相对地面绿化而言，大多数垂直型的绿化景观都会依附于如建筑外立面、建筑内墙、坡面、阳台绿化、花架、立交桥两侧、道路护栏、城市隧道内壁等。选择攀缘或小型灌木的植物种类，依附或铺贴于各种构筑物之上的绿化方式，从而形成垂直化的绿化界面，以减少植物的占地面积而增加整体环境的绿化率，改变传统的绿化形式，扩大土地利用率。垂直绿化突破场地的限制，较多应用于建筑外立面，在步行道路绿化空间中也较常见。如图 3-2 所示，建筑外立面被垂直绿化覆盖，在夏季可以遮挡阳光，降低建筑内部温度，对室内温度进行保温，减少建筑耗能，达到节能减排的目的。垂直绿化的广泛开发利用，对节约土地、美化城市、促进城市生态平衡意义深远。

　　马来西亚建筑师杨经文研究建筑与植物之间的关系，成功地将传统建筑文化与现代建筑文化结合，从分析生态、环境、气候出发，创造出具有地方特色的新型节能建筑。特别是成功地运用生物气候学

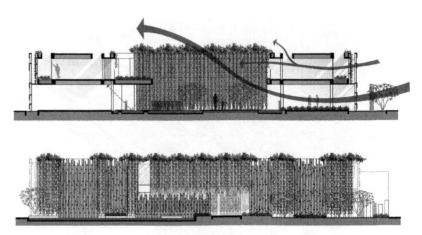

图 3-2　垂直绿化设计

进行高层建筑的生态设计,注重采用自然通风、屋顶遮阳格片、外墙绿化系统等防晒、隔热、通风等措施,节约能源,创造了世界瞩目的垂直景观生态建筑。

垂直绿化景观是实现高密度城市微绿地景观的重要途径之一,在城市生态景观方面的补偿作用不可估量。城市垂直绿化景观注重景观的社会功能,从而更加接近真实复杂的城市,并为缺乏人情味的规划提供了新的途径,这得益于以下几个重要方面。

(1) 占地少、营建周期短、利用纵向界面进行景观设计。

(2) 绿化量大,美化界面,植物是造景的主要手法。

(3) 节能,降低能耗。

(4) 改善小气候。

当设计手段逐渐成熟,垂直绿化景观将逐渐向建筑内部或城市的其他构筑物渗透拓展,相对独立地形成城市围合、半围合及通透等众多类型的界面。垂直绿化景观可以是静止的,也可以是动态的,例如城市中广泛分布的巨大的公交系统,或许可借助这种移动的公交车作为垂直绿化景观设计的载体,公交系统作为城市建设优先发展的公共基础设施,与其他空间结构结合进行垂直绿化景观设计,例如塔楼、基座加塔楼、高架桥、自动扶梯和多层次城市生活的其他组成部分。可以设想,未来的垂直绿化可能在整个城市的大尺度上产生影响。

3.1.3　立体型

在紧凑型理论的内涵影响下,高密度城市呈现出空间立体层叠化、空间品质精细化等景观特征。立体型微绿地是由于水平方向的地势高差不一致导致绿地平面不在一个水平线上,产生多层次、多空间组合而成的城市绿地形态(见图 3-3)。与平面式绿地相比,立体型绿地将城市建筑空间和城市景观空间相融合,呈现出了城市景观轮廓的多样性,常见于下沉广场、屋顶花园、入户花园等。立体型微绿地本身就是一种大型的构筑物,具有极强的空间多变性,可以进行沉浸式体验,提高使用者的参与感。

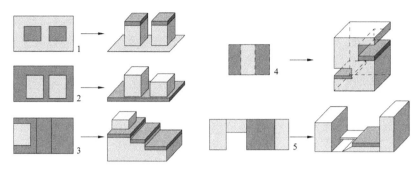

图 3-3　多空间组合而成的绿地形态(尹婕 绘)

经总结,立体微绿地景观的特征可以从交通空间、不同层面的公共空间、构筑物三个方面概括和引导设计。

(1)立体型景观在有限的空间里能容纳更多的流线型空间,形成立体化的交通和公共空间网络系统。可结合地下商业街、地下车行或步行通道、空中步行连廊、架空轨道、地铁线路等进行微绿地景观设计。

(2)立体型景观在高密度城市中对整合各种公共景观资源有着极大的潜力。在不同的层面上,处理好城市开放空间与城市其他要素的关系、开放空间系统内部的相互组织关系,在景观主导下对城市的立体的微绿地景观空间进行整合,使空间更复合化、多元化,充分地发挥景观的结构和媒介作用,有助于为人们创造更加便捷、舒适和品质化的城市公共生活,促进城市空间集约化发展。

(3)借助挡土墙、护栏、树池、种植槽、移动花钵、平台、出挑的界面等形式,同时结合建筑、城市公共设施等发展立体绿化,增加三维方向绿量,向空中增绿(见图 3-4)。

图 3-4　三维方向增加绿量(郭振宇 绘)

在绿地有限的情况下,通过引进立体绿化,提高城市的总体环境品质和活力,增强城市开放空间的地域性特色,对城市的生态可持续发展具有重要意义,符合当前和未来国内对城市生态建设的新要求,是山水城市理念的时代探索。

3.1.4　高空型

高空型微绿地的出现是由于城市向高空发展而形成的景观空间（见图 3-5），包括屋顶绿化、空中花园、平台种植、建筑外墙、阳台、废弃立交桥改造等，以达到高效利用土地资源的目的。在未来，高空型绿化空间的发掘和利用将成为高密度城市增加绿地空间的有效途径。

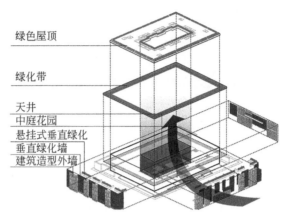

绿色屋顶

绿化带

天井
中庭花园
悬挂式垂直绿化
垂直绿化墙
建筑造型外墙

图 3-5　高空型绿化设计

巴塞罗那桑兹区铁轨花园就是一个很好的例证。在那儿有一条宽 30 米，长 800 多米的铁路轨道，这条建于 20 世纪的线性轨道将城市空间分成两个部分，不仅破坏了城市本应流畅的功能转接，还带来了巨大的噪声。2002 年，这条仍然在使用的铁轨被进行了景观改造，加装了一个大型"盒子"，并在这个"盒子"的顶部打造一个 800 米长的空中花园（见图 3-6）。设计的价值在于缝合了基础设施在城市中留下的疤痕，在不影响列车交通的情况下建造了一个高空绿色公园。

图 3-6　巴塞罗那铁轨花园

高空型微绿地景观有非常大的开发潜力，最有代表性的高空型景观是屋顶花园，可以有效地改善城市的生态环境，缓解城市热岛效应，能降低建筑内部温度，以此达到降低建筑能耗的作用，并利用雨水收集装置对雨水进行收集和再利用。比如位于广州高密度区的太古汇屋顶花园，就有着较为系统的雨水收集系统，其功能包括雨水引流、径流收集和生态吸收,对建设海绵城市意义重大。

高空景观的构建是将城市中不同的开放空间之间、开放空间与其他城市要素之间进行整合的策略之一,通过景观主导的方法建设景观网络化、地域性、人性化以及生态化的空中景观系统,将多层次、立体化的各个城市开放空间整合起来,同时增强开放空间与建筑等其他空间的连通性,保证景观的可达性和城市空间体验的连续性,并通过腾出高比例的空地来解决拥挤的问题。

3.1.5　微小型

微绿地作为城市绿地中较为微小的一类绿地空间,为城市居住人群提供一块便捷、快速、短时间逗留的空间。微小型绿地具有空间小、位置分散、移动灵活、种类多的特点,多以边界空间景观的形式出现,如居住区护栏、人行天桥护栏、停车场花坛、公路中央隔离带、边坡绿化带(见图 3-7)等。在微小型城市绿地设计中,对尺度感的把控要求十分严格,适宜的尺度感可以使参与者的感官得到放大,达到小中见大的体验效果。

图 3-7　微小型绿化(许融 摄)

微小型微绿地常呈点状散落在高密度城市空间中,由于其选址灵活、占地面积小、易于依附城市环境的特点,可作为城市公园的补充,为居民提供触手可及的休憩空间,从而改善城市居民的生活方式,进行健康的人际交往,随时与自然进行交互。对自然环境的协调就是与自然环境进行整合的过程,通过这种整合,让城市开放空间与自然环境产生更好的互动。

3.2　微绿地景观空间风格

3.2.1　绿色生态设计

生态学是研究人类、生物和自然环境之间的关系的学科,源于人们越来越意识到环境的持续恶化。近几年,出现了更多运用生态学设计城市中各种各样的绿地空间,从建筑到街道,从公园到广场,从生态恢复到生态设计,其积极的收效得到了不断的验证。健康、可持续的城市景观得到了政府和社会大众的广泛重视。景观设计与生态学相互交织,重要性也被极大地提升,从而也建立了景观设计艺术将会更充实、范围更大、更具应变性的可持续的科学发展观。在城市居民生活越来越关注园林绿地的情况下,如何使景观环境更好地服务于人们的生活工作需求,提供高品质、健康、绿色的生活工作环境,成为当前景观空间设计的新挑战和新契机。

生态型微绿地景观由自然元素(地形化貌、水体、植物等)、人工元素(建筑、构筑物、道路、铺装等)、人文元素(文化、历史、风俗等)和新技术元素(雨水管理、土壤调节、物种保护与恢复等)构成。一项完整的景观设计,要经过系统的组织和设计,充分发挥各要素的创造性和生态性,从整体的角度对生态设计有一个科学准确的把握。微绿地景观生态设计有很多种形式和方法,其中较为典型的研究集中在雨水花园的实践,以应对频繁发生的城市洪涝灾害,也是建设海绵城市的主要应对策略。

1. 绿色生态与设计的融合

快速城市化的失衡发展,致使在雨季多带来的城市问题更加突出。过去3年,我国360多个城市遭内涝,是目前城市重大灾害之一。景观设计在探索雨水管理的研究中出现了许多可借鉴的成功范例。如北京798创意园的阿普贝斯雨水花园,虽然项目占地面积只有150m²,但是雨水管理的经验值得高密度城市许多剩余空间改造项目借鉴(见图3-8)。该项目建造了一处雨水沉淀、循环、净化到下渗的过程,在材料和植物的选择上也探索出了满足功能和艺术审美,达到可用、可观的生态空间效益。在后期的维护中对降雨量和不同位置的雨水进行了长期的记录和综合分析。

2. 绿色生态和4R原则

雨水管理作为微绿地生态景观较为普遍性的设计,通过植物、沙石、铺装等的综合作用使雨水得到净化,并使之逐渐渗入土壤,涵养地下水,或使之补给景观用水或城市用水,同时这些植物还可以吸收多种有害的污染物净化水质(见图3-9)。广泛应用于屋顶花园、植草沟、滞留地、生态调节池、步行道路景观、人工湿地等,是典型的生态景观设计。

步行道路景观设计出现了一种新的审美观,即将设计概念与生态设计相连。这种思想代表着一种转变,将过去修剪草坪、平整灌木和花坛转变成生态的嵌入以及对生物多样性和再生资源的保护与再利用。例如位于广州番禺区生物岛绿道上的一段雨水花园,就是一

图 3-8　雨后花园

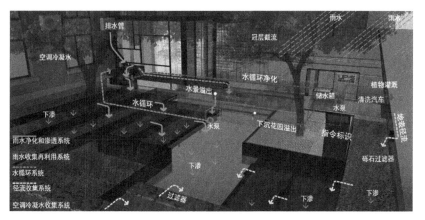

图 3-9　雨水管理系统

种生态可持续的雨洪控制与雨水利用设施的景观设计(见图 3-10)。植物发达的根系能够有效地防止水土流失以及因水流长时间冲刷而引起的地基松动,生长迅速,茎叶肥大,净水能力强。雨水花园通过地形高低变化、可渗入雨水的鹅卵石散置铺砌,边沟可允许大量的雨水渗入。当雨水超过水池的容积时,会汇集到地势较低的水池中,多余的雨水会通过一个管道出口流入公共排水管道,排出场地。在干旱的季节,雨水花园因其独特的植物配置和池底材料的显露呈现出有别于一般的以装饰为主的花园景观。它是市民了解生态景观营造的重要途径之一。

　　基于雨水花园的设计理念和方法,以及其他的生态设计,许多研究提出 4R 原则值得在城市微绿地景观中推广和借鉴。4R 原则中的"4R"分别指的是 *Reduce*(减少)、*Reuse*(再利用)、*Recycle*(回收利用)、*Renewable*(可再生)。[74]

①傅一程,陈可石.基于生态保护与修复的景观设计策略研究[J].特区经济,2013(05):132~134。

图 3-10　雨水花园

（1）*Reduce*（减少），指的是在景观设计中减少资源的消耗，特别是减少不可再生资源的使用。

（2）*Reuse*（再利用），是指在符合设计意图和工程要求的前提下，对项目现场原有的土壤、植被、构筑物等景观要素进行再利用。再利用可以极大地节约资源和能源的耗费。

（3）*Recycle*（回收利用），指的是建立回收循环系统，提高材料和资源的使用率和循环利用率，例如雨水收集是较为常见的水资源的循环利用（见图 3-11）。

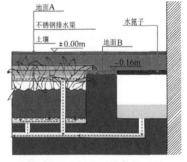

图 3-11　雨水回收（尹婕 绘）

（4）*Renewable*（可再生），指的是在设计中充分利用可再生和可回收的材料、资源等。

在高密度城市中，可以建立微型自然保护区，例如一些具有历史价值或特色生物群落：城市中小动物生活的草地洞穴、废弃的工业园、保留的树林、有重要意义的生物群落等。以生态价值观为取向的微绿地景观设计将会扩大研究领域，使设计的方法更科学和更系统。

绿色生态的设计策略可以应用到更多的绿地类型中。随着城市空间变得越来越宝贵，创造生态化的公共绿地空间为各种活动提供更多的机会具有很高的价值。特别是为人们提供了接触其他生物的机会，绿色生态设计的意义和作用将被进一步扩大。

3.2.2　技术风格设计

受科学技术的影响,景观设计的模式、内容正发生巨大改变。在微观景观设计中,功能与技术有机地结合在一起,夸张、优美的艺术化形式为人们展现了新技术的成果,创造了具有"高技艺术"的景观空间。技术的发展不仅是建造景观的材料、制作、工艺等,雨水管理技术、虚拟三维视觉技术、植物的栽培技术、生态修复技术、节能技术,也包括设计方法的进步,如计算机辅助设计、卫星遥感预测等技术,给了景观设计师们更大的发挥空间,这都是一种新的设计思维的转变。在人工智能时代背景下,景观设计也融入了人工智能技术手段,提高了景观设计的智能化水平,提供了多元化的设计资源。设计师们应融合设计与技术,整体上提高景观设计的表现水平,推动景观设计创新发展。

1. 建造技术

在建造技术中首先表现为植物、水等景观元素的进步。植物是园林景观中最直接也是最重要的一个元素,通常会优先考虑。例如与植物相关的园艺技术,对植被的分布、移植、修剪和养护等进行场地设计,提升景观美感和工作效率。园林景观需要借助园林技术力量,使植物能很好地与环境相融合,凸显园林景观的多样性和功能性。特别是在景观项目竣工后,为了避免植物遭受虫害、天气等原因的破坏后,逐渐弱化其功能,导致景观整体稳定性和预期效果降低,需要进行科学有效养护。因此,养护工作应与园艺技术相结合,遵循栽培技术和原则。

除了植物,水景也是体现新技术的元素之一。在设计水景的过程中,借助灯光、激光等现代化元素,构建出水墙、跌水池等景观,可以结合水景和声音、光影,实现水体循环设计。如一些音乐喷泉、水幕电影、数字水幕景观等,充分体现人工智能技术在水景设计方面的进步。融合灯光、音乐、喷雾、智能感应等技术呈现出不同于传统水景艺术而乐趣十足的智能景观,提高景观趣味性与互动性,给予观赏者真切且丰富的体验。著名的微景观"唐纳喷泉",位于哈佛大学校园内,由 159 块镶嵌在草地之中的巨石组成的圆形石阵,中央便是一座雾喷泉,根据季节变化,营造了强烈的神秘感。石阵既表达了对古典建筑的敬意,又体现了科技之美,是一个非传统形式的喷泉景观(见图 3-12)。除了自然元素的植物和水景之外,还有其他人工景观元素或硬质的构筑物采用新材料新做法的技术也层出不穷。

图 3-12　唐纳喷泉

2. 设计表现技术

在设计环节中有效结合虚拟现实技术、三维立体式、动画技术等,借助多样化的信息技术,收集与处理有关景观地质信息,采集景观地形场景,利用三维地形场景模型有针对性地合理设计地质情况。设计空间、声音、图像等元素,最终形成虚拟感官环境。受众在这样的景观中能获得全新的审美感受,使设计结果展现出实际景观的优势作用,这不仅使工作变得高效,设计成果也更精准。[75]

3. 新材料、新工艺和新设备的技术

科技的应用已然成为景观设计合理化的重要途径,突破以往传统的表现形式,给景观设计带来了各式各样的新格局,让人们视觉上得到艺术的享受。设计师从传统园林中吸取特定的符号和形式作为景观表达的基本要素,借助各种新型材料和尝试,赋予景观新的内涵和意义,使其达到更高级的艺术表现。如越来越快捷和节省成本的垂直绿化,不仅工期短,还能对建筑外墙起到保护作用,有效降低室内温度,达到符合审美与生态的双重效益(见图 3-13 和图 3-14)。

图 3-13　模块式、花草式垂直绿化

近几年盛行的各种景观主题的展览,在发挥其积极作用的同时,产生了极大的资源浪费。绝大部分搭建材料均是一次性使用后就被当作垃圾丢弃。带给人们这样的反思:如何通过设计,在保证能够满足视觉冲击效果的前提之下,充分考虑景观展示的生命周期,传递景观设计艺术前沿、生态及可持续的理念。位于 2020 深圳籣杜鹃花展的宝安展园区的"浪花园"是一座可被回收再利用的临时性展园,占

① 程成.虚拟现实技术在风景园林设计中的应用[J].魅力中国,2016,(42):202.

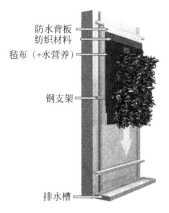

防水背板
纺织材料

毡布（+水营养）

钢支架

排水槽

图 3-14　水培式、金属网垂直绿化

地 300 平方米。设计是系列可拆卸并可循环使用的预制单元模块系统。海浪形单元模块的灵感来源于深圳被定位为全球海洋中心城市之一，通过不同角度的模块组合，创造出起伏的地形，从而生动地模拟了海浪翻涌时的优美姿态。在展览结束后，花园 90％的材料皆可用于异地重建。整个花园的建造周期为一个月，模块化的建造体系（共 335 件预制铝盒模块）完美地适应了紧凑的施工节奏。全园除渔网帷幔的结构柱和逐浪廊架悬挑的种植盒采用局部焊接外，其余 90％的材料均采用装配化的形式快速搭建，这为更加精细的植物的养护争取了更多的时间，可谓是展园建造技术的代表案例（见图 3-15）。

图 3-15　浪花园，深圳/大小景观

科学技术与微绿地景观设计的结合，不但可以提高景观设计效果和质量，还能有机结合景观设计与时代发展，体现出新思维、新理念、新方法，突破传统景观设计，丰富景观艺术表现，使景观设计呈现出"科学的艺术"，具有广阔的发展前景，可推动景观设计进一步发展与创新。在体现园林景观的艺术效果的同时，注重信息技术、节能技术等关键技术的应用，还要认识到对于环境保护的重要意义，使科学技术与景观设计实现可持续发展。

3.2.3 健康安全设计

随着高密度城市人们对健康环境的重视,构建健康和安全型景观环境成为景观设计的主要工作内容之一。健康型的景观空间优化策略和设计,如疗愈花园、康养花园、感知花园等,实质上就是健康理念在现代景观中的运用。研究发现,人们只要能参与到自然环境中,或是适时地观赏自然景色便能一定程度的疗愈人的心理健康水平。这种具有疗愈性的景观,特别是一些适老环境设计,关注人的心理健康、心灵疗愈、缓解压力的设计诉求。随着人们逐渐意识到生活环境与身心健康之间的密切联系,越来越多的人开始注重人与自然和谐共处。关于健康、安全型的景观优化有以下几点建议。

1. 自然有益

在健康型微绿地景观的内涵中,自然环境最为重要也是基础。它包括植物、水、山、石等因子,同时也包含所在地的气候和光照等自然条件。这些要素在人为组织下构成自然环境,达到舒缓精神,释放精神压力,调节身心健康的作用。研究证明,环境首先向个体传递各种自然因子的刺激,然后通过人的感知重新整合成有序的知觉。如日光疗法能改善钙磷的代谢和血液循环的状态,使人精神振奋。在健康型景观中自然因子是不可或缺的,针对不同的人群和功能有不同的景观类型,但以疗愈型的自然景观最为显著,充分利用自然因子的助益效果,为生活在高密度城市中的人们提供难得的自然体验,达到改善身体健康的效果。近几年民众整体的健康观念逐渐提升,景观设计开始探索功能性花园和园艺治疗师对城市病的积极影响,疗愈花园应运而生。

植物是疗愈景观设计中关键的自然元素。提高植物种类,利用不同类型植物进行搭配,使人全方位地感受细节所带来的趣味是疗愈花园的必要条件之一。

2. 强化感知

通过视、听、嗅等感知建立的景观场所能加强环境的健康疗愈效用。在视觉方面利用多样的植物搭配出四季有景的自然植物空间,听觉方面加强自然声的健康恢复效用,创造动物的栖息场所与营造多样的活水景观。组织好景观内的交通、利用植物屏蔽边界空间过渡与衔接方式来降低周遭环境噪声,从而发挥城市绿地听觉体验方面的疗愈效用。嗅觉方面通过种植季节交替的芳香植物,维持场地环境整洁,提供良好的嗅觉体验,借此加强环境的健康疗愈效用。如瑞典阿尔那珀(Alnarp)康复花园利用了以感官园艺为主的疗法,对慢性疲劳综合征、抑郁症与焦虑症等有增进疗效,其身心状况、幸福感

评分均得到改善和提高。芝加哥科默儿童医院游戏和疗愈花园在
460m² 有限的空间中,设置了艺术和音乐环路、滚珠迷宫、积木搭建、
触觉感官环、塑胶山丘、秋千椅、竹篱隧道等设施,巧妙地将音乐、自
然和艺术的元素有机融合在一起,全方位地激发感官体验,带来疗愈
影响(见图 3-16)。

图 3-16　科默儿童医院游戏和疗愈花园

3. 调节情感

景观与人的精神是联系在一起的。情感导向下的空间环境像纽
带一样连接着自然和社会、休闲、文化等功能。在健康型的景观中,
设计不仅注重本土植物体现地域文化,引发情感共勉,还要参与独特
的地理特色和历史文化,可以考虑风土人情、生活习惯、饮食文化等
物质或非物质的文化对景观进行更深层次地表达,强化城市的集体
归属感和安全感,以达到疗愈效用。这方面国外研究较为突出,例
如,学术论文《基于自然疗愈的一个新的自然疗法》(*A new approach
to nature consumption post nature-based therapy*)[76] 就是对丹麦
Nacadia 治疗花园的研究,详细论述了分区设计以应对不同的使用者
能力与治疗活动。花园还对患者生活方式产生了积极影响,治疗后
人群对公共绿地的使用频率显著增加,对自然环境的态度也发生了
转变,正向情绪和幸福感增强,说明治疗活动具有转化到日常生活行
为的可能性,有助于推动以预防为主的健康生活模式的形成。

景观与城市居民的健康有着密切的联系。面对快速城市化所带
来的亚健康问题,从与日常生活息息相关的微绿地景观中获得疗愈
支持意义重大。因此,应积极主动地加强疗愈环境的构建,保障城市
居民的心理健康,未来还应拓展更加广泛、有针对性的景观类型,促
进一种以预防为主的健康生活方式,传播与自然和谐的健康生活方
式,逐步改善人类对待自然的态度,促进环境可持续发展。

3.2.4　艺术前沿设计

艺术是高于物质生活的精神享受,对园林景观而言,自古以来艺
术都是不可或缺的。城市景观设计不仅能解决生态环境问题和提高

① Sidenius U, Nyed P K, Stigsdotter U K. A new approach to nature consumption post nature-based therapy[J]. Alam Cipta, 2020, 13(Special issue 1): 48-51.

市民的生活质量,在艺术层面也形成重要影响。如以设计精妙著称的苏州园林,几乎都是以艺术为蓝本进行设计规划的。中国四大名园之一的拙政园,最初的灵感来自潘岳的《闲居赋》和园主王献臣的好友唐寅所作的《西畴图》;再如岭南四大名园之一的余荫山房,以小巧玲珑、布局精细的艺术特色著称,充分表现了古代岭南园林独特风格和高超的造园艺术。中国古典园林文化艺术浓厚,设计扩充、渗透、融合了绘画、文学等多门艺术。正如中国美学讲究的"意在形先",艺术是造就园林景观的魂。从苏州园林到岭南园林,这些经典的园林景观始终被定格在艺术里。

当前的景观设计理念,主要还是以城市物质功能规划方法为主要目标。高密度的城市景观空间,在尊重生态的原则上融入合理的设计和审美艺术,让城市、人、历史与艺术展开对话。微绿地景观在表达艺术前沿的内涵时,首先就是花草树木的配置,因为植物形象的艺术表达最直接和具体。植物本身所具有的自然要素——形、色、香、姿、声、影等的生命状态,使它具有独特的观赏价值,进而形成园林植物美学。其改善环境美景度、保护生物多样性等功能,是环境艺术、生态艺术的现实体现。植物能将景观升华到较高的艺术境界,被赋予高尚情操,寄托着人的理想与信念。例如,上海的新华路口袋公园(见图3-17),植物的氛围是设计重要的切入点。通过40cm以下、40~80cm以及80cm以上三种不同高度的植物搭配,建立丰富的层次及与人身体的关系。当人步入花园,过膝的植物会给人较强的包裹感,激发了人的艺术想象力,仿佛步入一片无限的花海。以鼠尾草、满天星、矮蒲苇、粉黛乱子草为主的花草组合呈现充满自然野趣的植物氛围,成为城市里珍贵的自然艺术景观。这个口袋公园在钢筋水泥的城市中通过空间的力量,将人们从繁忙的都市生活中抽离出来,浸入一个静谧的,可漫步、闲坐、观展、赏花的艺术花园。

图 3-17　新华路口袋公园

3.3　微绿地景观空间建构

微绿地景观作为高密度城市空间的应对策略和提升的一种方法或思路，从理论到实践面临着一个重要的问题，就是微绿地空间的多元化以及未来的不确定性。扬·盖尔曾在《交往与空间》第四版的序言中说道："户外生活的特点就是随着社会条件的改变而变化，但是，当我们研究户外生活时，所用的基本原则和质量标准却没有根本的改变。"微绿地景观首先在于可达性强、适应性强、便捷等特性，长远来看，微绿地作为改善城市环境的手段和多种户外活动的载体，承载的功能与期望也越来越多，因此，总结微绿地景观空间建构的基本原则有着积极的作用。在此将其归纳为密度、尺度、边界、界面、肌理五种不同的视角进行探讨。

3.3.1　空间密度

空间既是哲学的概念，也是美学的范畴。既是高度的抽象，又是具体的存在。具体的景观空间是为人游憩而塑造的，由建筑、植物、道路、山石、水体等元素构成空间。在高密度城市环境下，景观空间的分布是不均匀的，但有一个明显的特征就是紧凑化，能够对土地高效地利用。如果要给高密度城市中这些具有微绿地景观潜力的空间一个类似于密度的属性，即空间密度，那么，为了度量空间的密度，引入一个参考系，姑且称它为绝对空间。这个空间密度的定义就是单位空间内所含空间的多少。

高密度城市的空间环境特点表现为土地利用形态紧凑化、土地利用空间立体化（例如地下商场、停车场、地铁、多层立交和立体绿化等）。表现出生态绿地资源极其稀缺，土地资源有限的情况下往往优先满足生产、生活的基本用途（居住、办公、商业、产业和交通等）、街区建筑形式建筑容积率高、形式较为单一、交通方式交通网络密集化、公交优先等方面。与高密度空间能够进行对比的就是低密度空间，而低密度的城市环境表现为土地利用的平面化和大尺度，例如森林公园、国家公园、城市综合公园等。从高密度城市的生活质量和环境品质的角度出发，对空间密度的关注转向对空间构建的关注；另一方面，从密度紧密相关的环境质量视角来看，实现密度的空间构建与规模更重要，反映空间构建与规模的最直接的要素是植物空间密度和构筑物密度。

微绿地景观空间密度的重点在于对植物密度的合理化设置。有三个要素要同时考虑，就是植物空间密度、植物密度和植物个体密度。三个要素之间相互关联，并结合功能、审美、生态效益综合因素，创造出舒适宜人的微绿地景观设计，提升微绿地景观环境的整体质量。植物的密度对微绿地景观空间的营造有着至关重要的影响。

1. 植物空间密度

研究表明，街区公园中的绿地植被对气候环境的影响范围大概能达到 2 000m，其最佳影响范围大概在 300m 左右，也是人的步行舒适范围。基于这一分析，两个分散均质布局的小公园比一个集中布局的较大公园对气候环境影响的范围更大，如图 3-18 所示。因此，在微绿地景观设计中，植物空间密度运用和控制是一个核心问题[77]。

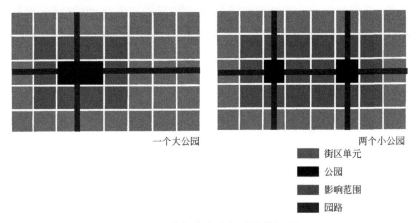

一个大公园　　　　　　　　两个小公园

■ 街区单元

■ 公园

■ 影响范围

■ 园路

图 3-18　空间密度和绿地植被运用

2. 植物密度

（1）水平密度：指的是植物的栽植间距。由于植物具有生长特性，植物组群的整体尺度由植物个体的尺度及其生长速度来决定。因此，在规划设计时就应考虑到植物的生长，只有恰当的密度才能更好地展示植物的美感并发挥植物的生态效益。

（2）垂直密度：垂直密度指的是多种植物组合配置形成高低不一的垂直空间。它受到枝干的高度、冠幅大小、分支点的高度、叶片密集程度、植物的层次等诸多因素影响。植物垂直密度越大，空间的划分感越强。观赏角度、距离、视线也是影响因素（见图 3-19）。

（3）三维密度：植物的三维绿量打破了二维指标存在的局限性，能够更好地界定植物群落的层次和密度情况。以植物组群的最大长、宽、高作为三维空间内所占的总空间体积，植物个体三维绿量的总和所占总空间体积的比例作为植物组群的三维密度。三维密度越大，说明植物组群的种植密度越大[78]。

3. 植物个体密度

（1）乔木尺度：植物的尺度感由植物自身的尺寸、与所处环境的

① 臧鑫宇，王峤.基于景观生态思维的绿色街区城市设计策略［J］.风景园林,2017,4：21～27.
② 赵亚琳,包志毅.居住区绿地空间的植物尺度与种植密度研究［J］.现代园艺,2019,153～155.

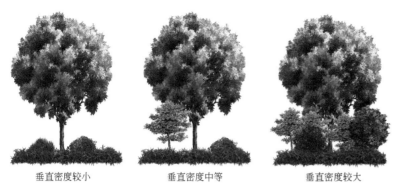

| 垂直密度较小 | 垂直密度中等 | 垂直密度较大 |

图 3-19　植物的垂直密度（张瑞 绘）

比例关系、观赏者的观赏角度共同形成[79]。所以根据植物的高度对植物进行尺度层级的划分。乔木由树根、树干和树冠组成，不同的乔木在形态和尺度上有丰富的变化，根据乔木的冠幅和树干高度，可将乔木划分为一级乔木、二级乔木、三级乔木和四级乔木 4 个等级（见图 3-20）。

① 沈莉颖.城市居住区园林空间尺度研究[D].北京林业大学，2012：255.

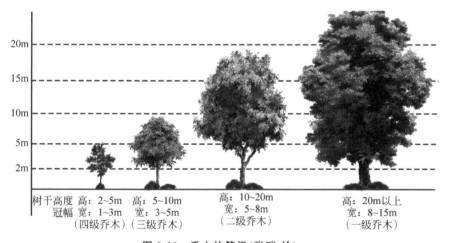

树干高度	高：2~5m	高：5~10m	高：10~20m	高：20m以上
冠幅	宽：1~3m	宽：3~5m	宽：5~8m	宽：8~15m
	（四级乔木）	（三级乔木）	（二级乔木）	（一级乔木）

图 3-20　乔木的等级（张瑞 绘）

一般来讲，冠幅大的乔木适合设计在可坐人、穿行的空间，形成夏季遮阳、冬季阻挡寒风的空间。在车流较多的道路旁，可以将冠幅变化丰富的各种乔木组合搭配种植，形成阻挡噪声、过滤灰尘的空间。

（2）灌木尺度：灌木的高度在 1.5~1.7m 之间，一般不会阻挡人的视线，只会对人的活动有一定限制。因此，灌木常做隔断、围合空间或是点缀空间，创造围合感强的空间或是阻隔人的穿行。这一类的灌木栽植密度较大，通常为可以修剪的枝叶茂盛的灌木，在视线上起到一定的屏障作用。

（3）地被尺度：地被植物靠近地面，不仅可以与铺地材料共同完成较为平面的设计，还可以与其他造景元素结合，体现出很强的兼容性，可以说是所有微绿地景观的基底,能与建筑、屋顶、驳岸、花境融合。

除了植物相关密度,还要提到构筑物的密度。构筑物既包含了功能,又体现了景物特色。按照空间结构划分,构筑物可包含亭、台、座椅等(较为封闭的空间,起到引领人们进入自然意境的景观节点作用,通常是观赏景观的最佳视线点)、桥、景墙等艺术造型。点线面的形式,如廊、桥,形成线条,虚实相间,步移景异,适当地穿插小巧精致的构筑物来增加情趣和使用功能,相辅相成。除了必要的构筑物,微绿地景观由于场地限制,尽量不做过多的构筑物设置。通过大量的建成微绿地实践调研发现,最多的构筑物是座椅类。应做好空间密度的分析,合理布置景观功能及规模,引导微绿地景观对居民做出更舒适的服务。

3.3.2 空间尺度

空间尺度按照面积、维度及生存空间划分,指的是空间大小的量度。在高密度城市微绿地景观这个概念下,是指空间的界面在经过排列、围合、重组后在一定范围内对主观上的视觉、听觉、嗅觉等感官世界所造成的心理和生理上的主观感受。而空间尺度在不同主体上所发生的作用也各不相同。尺度控制是设计的基本,在设计时要充分了解各种场地、设施、小品等的尺寸控制标准及舒适度。在优美可观的基础上,注重科学性和实用性。

空间的不同尺度传达不同的体验感,小尺度空间一般为舒适宜人的亲密空间,大尺度空间则气势壮阔、感染力强。因而空间尺度上的思考是高质量微绿地景观的重要条件之一。

微绿地景观由于其空间的微小,产生社会性接触的可能性将会大大增加,人们也可以观察更细部的景观层面,从而更好地体验周围的环境。如香港的城市景观设计最重要的因素就是人与建筑环境的关系,人的尺度及使用者的观感是体验式设计的主要依据,因而形成了多样化和充满活力的城市空间。

1. 空间尺度的表现形式

1) 空间的平面布局

微绿地景观空间的平面布局在以实现功能目的和生态理念设计思想的前提下,体现出一定的视觉形式审美特点,具体体现在比例、对称、均衡、节奏韵律、对比统一等原则的运用,使道路、设施与植物交错分割,充分发挥点、线、面等构成要素的造型作用,勾勒出明确的平面形态轮廓,表现出极具视觉美感的布局形式。平面中的尺度控制是设计的基本,在设计时要充分了解场地和构筑物等景观元素的尺寸控制标准及舒适度。在符合审美的基础上,注重科学性和实用性。例如街头绿地在靠近车行道的位置,如果条件允许,可在道路与绿地之间配置 3m 左右的绿化隔离,用于形成较为舒适和安静的绿地空间。

2)空间的感知尺度

一般认为,人对水平面上发生的活动可感知的范围局限为 20～100m,而垂直方向的感知仅限于一个很小的范围,一般为地面以上 6～10m;当观看一个景观作品时,27°是最佳视角,观察者会本能地移动到与这个角度相适应的距离处。但为了将形形色色的建筑与环境融合进一个总体印象中,这时眼睛的张角只有 18°。

空间尺度可借用古人"百尺为形"的解释,"形"指近观的、小的、个体性的、局部性的、细节性的空间构成及其视觉感受效果;"百尺"折算公制约为 23～35m,与现代理论中看清人的面目表情和细节动作为标准的近观视距限制相符合。以平常的步行速度约 100m/80s,在街道上行走时对建筑或者景观立面产生的韵律感,意味着约每隔 5 秒就要有新的活动或景象要看[80]。所以这就关系到设计的节奏感,在景观和感官之间取得合理的平衡。"千尺为势"中,势指远观的、大的、群体性的、总体性的、轮廓性的空间构成及其视觉感受效果。"千尺"折算公制约为 230～350m,是一个远观视距值。这一距离与人一般能心情愉快地步行距离 300m 相合宜,且在此视距范围,人可以清楚地观察物体的形体轮廓。因此,在微绿地景观设计时对这些尺度关系的灵活运用,考虑人性化尺度至关重要。

① 扬·盖尔著,欧阳文,徐哲文译.人性化的城市[M].中国建筑工业出版社,2010:77.

3)空间的立体造型

园林空间中的立体造型是空间的主体内容,其造型多样化从视觉审美及艺术性角度而言,首先要与周围环境的风格相吻合统一,其次要具备强烈的视觉冲击力,使其在视觉上与周围景观产生先后次序,在比例、形式等构成方面要具有独特的艺术性。空间的不同尺度传达不同的体验感,小尺度空间一般为舒适宜人的亲密空间,大尺度空间则气势壮阔、感染力强。

2. 空间尺度的类型形式

封闭空间、半开敞空间、开敞空间、覆盖空间等是高密度城市微绿地景观的基本空间类型(见图 3-21)。这些空间的实现一方面有赖于在结构合理和形态完善上做出努力,一方面也需要具体设计的落实,以便实现高质量的城市空间形态。因而,本节讨论的主要内容也将有助于理解微绿地景观设计的内容和方法。

(1)开敞空间:任何围合或是不围合的用地,其中没有建筑物或者少于 1/10 的用地有建筑物,而剩余用地用作公园或娱乐场所,或者是堆放废弃物,或者是不被利用的地域,可以界定为开敞空间。在高

图 3-21　空间类型（张瑞 绘）

密度城市中开敞空间作为景观空间组织的一种概念与方式，指的是建筑实体之外的空间体，是人与人、人与自然进行信息、物质、能量交流的重要场所，包括园林植被、空地、街头绿地、口袋公园、街巷绿地、高空绿化、立体绿化等与人们生活息息相关的活动场所，是用于休闲、集会、娱乐等活动的场所。在这些场所空间中，主要以低矮灌木及地被植物作为空间的限制因素。

（2）半开敞空间：少量较大尺度植物形成的空间，其一面或多面受到较高植物的遮挡，限制视线的穿透，其方向性指向封闭较差的开敞面。

（3）覆盖空间：高密度植物形成限定空间，利用具有浓密树冠的遮阴树，构成顶部覆盖而四周开敞的空间，产生垂直尺度的强烈感觉。

（4）完全封闭空间：高密度植物形成封闭空间。此类空间的四周均被植物所封闭，具有极强的隐秘性和隔离感，比如配电室、采光井等周围被植物遮蔽，增加隐蔽性和安全性等。

3. 视觉尺度的范围（见图 3-22）

（1）1～3m，是人与人亲密交谈的尺度范围。在以这种尺度划分的小空间中人对领域的控制感强并满足了私密的心理需求。其景观设计需具备一定的表现力才能满足人们的视觉需求。

（2）25～30m，此尺度范围可看清景观空间的细部，同时对人而言是小巧、宁静的空间。因此这个距离使人与空间的交流、人与人的交流成为可能。例如日本驹泽的奥林匹克中央广场为 100m×200m，其中轴线上每隔 21.6m 设有花坛和灯具，打破了大空间的单调，并使偌大的外部空间接近了人的尺度。

（3）70～100m，可较为把握地确认一个物体的结构和形象，人在此空间范围内适宜社会性的交往，也是满足正常的人与人交流的尺度极限。景观节点的设计可以此作为组织空间的最佳尺度。

（4）250～270m，可看清物体的轮廓。在 500～1 000m 的距离之内，人们根据光照、色彩、运动、背景等因素，可以看见和分辨出物体

① 景观微评.景观空间尺度与序列布局｜分解［OL］.2017,https://www.sohu.com/a/212181071_763435.

的大概轮廓。超过 1 200m,就不能分辨出人体了,对物体仅保留一定的轮廓线[81],可满足较多的人群使用,也可作为欣赏自然景观的尺度,如山体、高大且有型的植物群。

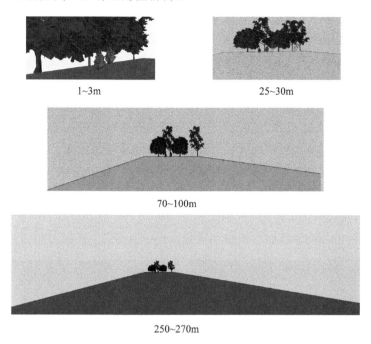

1~3m

25~30m

70~100m

250~270m

图 3-22 　视觉尺度图示(张瑞 　绘)

3.3.3 　空间边界

所有的微绿地景观都包含形成不同的过渡区的边界,边界可能很清晰,也可能很模糊。边界对空间的体验和对作为一种场所的个体空间有着至关重要的贡献,边界空间传达出安全感、界限感和组织感。空间具有边界才能建构起场域。边界是空间中最重要的构成要素之一,对微绿地景观空间形态的塑造有着不可忽视的作用(见图 3-23)。

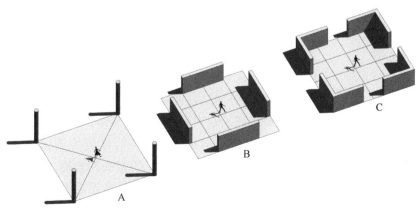

图 3-23 　空间边界的作用(张瑞 　绘)

边界存在于相邻的不同景观单元之间变化的过渡带,具有丰富的表现形式。通常一个微绿地景观的外围都有着较为清晰的边界,如图3-24所示,该景观是广州旧城区的一个居住区小公园,无论是内部景观元素还是外部通往道路和建筑物入口的衔接空间,都较为明晰。空间边界的概念最多被用于讨论建筑空间的边界,建筑空间边界对城市空间中的生活起着决定性的作用和影响,特别是建筑的底层空间,常以多种形式的灰空间出现,是室内外生活相互作用和交织的地方。微绿地景观空间是介乎建筑空间与自然空间之间的一种特殊的空间形态,许多景观边界空间与建筑有着密切的关系,例如建筑物的入口、架空层、走廊、院子等实体与空间交接的边界。因此,对建筑空间边界的理解,为认识微绿地景观提供了研究基础。微绿地景观边界从本质上理解,具有更多的自然属性和更为开放、丰富的边界形式。微绿地景观空间的限定主要靠界面来形成,因此,边界及其形式也就成为高密度城市微绿地景观设计中值得研究和探讨的话题。

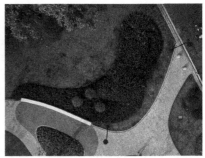

图3-24 空间边界(许融 摄)

微绿地景观边界设计对城市空间中的生活起着决定性的作用,边界既限定了视觉领域,也限定了空间。微绿地景观中的空间边界可概括为以下几种,具体有:铺装、穿插渗透边界、渐变边界、水景边界、台阶边界、一体化边界、功能性边界。每种边界处理手法依照植物、地形与场地范围而变化,都有着不一样的作用和影响。通过不同的材质与媒介并加以不同的设计表现手法,对景观边界进行概括以及勾勒。

(1)铺装。最常见的就是不同材质的边界。利用丰富的平面构成处理,或者运用多种材料区分场地功能和装饰效果,以材质的变化形成景观边界的硬质景观边界。这很大程度决定着步行是否有趣且舒适,对设计师来讲,有更充分的理由支持对步行环境的重视和创造。如果铺装单调乏味,人的步行也会相应变得漫长和无趣,人们甚至会放弃步行。所以设计应综合考虑更多的可能性,无论道路长短,都应创造互动性强的铺装边界。

（2）穿插渗透边界。这是衔接两个空间的较为常见的边界形式，几乎存在于每一个微绿地景观的多个空间中。例如软硬景或不同质地的材料在结合处处理成相互穿插，会增强视觉上的效果，也会强调景观功能的变化。

（3）渐变边界。就是在两者结合处形成比较缓和的过渡空间。常见的渐变边界在水边应用较多，例如水陆交界的地方用草、卵石、砾石等材质作为媒介过渡，或是在园路边界用排水沟、挡土墙等也是渐变边界多用的做法。

（4）水景边界。水景作为景观设计中常用元素，必然避免不了水体的处理。尤其是在城市中心区，为了过滤车流的噪声，常用水景作为边界的设计。无论是简单的镜面水，还是一些动态水景，空间因为有水元素而变得有活力。

（5）台阶边界。在地面有高差的地方或者为了空间效果人为做成高差的边界，台阶的设计是最有效的做法之一，也是起到空间转换、视线变化、景观切换的关键要素。

（6）一体化边界。要想做到最大化弱化边界，或是强调景观的整体感，就需要模糊两个元素的独立性，例如采用同一种元素围合边界，强调边界，限定边界，达到一体化的边界处理手法。

（7）功能性边界。就是以边界的实际功能性为主。此设计手法在微绿地景观场地中使用较多。比如一些边界被设计成蓄水池塘、休憩长椅或者户外运动功能场所等。这些边界为人们提供了坐与站的机会，也是真正能体现城市生活的地方。在沿街的一些微绿地景观空间中，多用遮阳伞或花架廊做边界，可以增强对景观的细部和深度的感知，创造舒适的交流功能场所[82]。如图 3-25 所示，起伏且延长的人造石长凳围合出一个巨大的花坛，也界定出人的活动范围的边界，既是坐凳又是花坛，增加了功能，精致的景观细部让空间的转换与过渡更为流畅，在用地极为紧张的城市地段为人们置入了一个实用的开放空间。

① 城市园林绿化，景观设计中空间边界处理的十种可能[OL].2019, http://www.hgylj.com/ys/789.html.

图 3-25　长凳与花坛一体化边界

高密度城市微绿地景观边界空间提供的不仅是城市中的居民和游客休闲娱乐的场地，更是承载着对城市历史文化甚至是整个区域传统文化的展示功能,设计不仅要考虑景观要素的形态、质感、体量与色彩,还要对各元素之间的协调搭配做深入研究,明确它们的主次、对比、均衡和节奏,符合整体布局才能产生和谐美。还要考虑其他的功能,如较好的通达性、开放性、生态性和防灾避险等功能。

微绿地的使用率比大型综合公园更高,城市边界的使用越便捷越具有吸引力,相应地就会更有活力,当边界起作用时,就会强化城市生活。微绿地景观设计的最终目的是给人创造舒适的休闲娱乐空间,提高城市生活的品质,在有限的边界中设计出更多可能的空间。

3.3.4 空间界面

1. 界面

界面是相对空间而言的,作为景观空间的分界面或交界面而形成的载体,是一种特殊的形态构成要素。空间界面是指两个或多个不同物相之间的分界面,是限定空间的面状要素(见图 3-26)。空间和界面是构成微绿地景观密不可分的组成部分。微绿地景观设计是一个复杂的综合学科,面对的是城市空间中的多种环境要素。这些要素作为构成空间的实体要素而存在,这种实体与空间的交接面可理解为界面。界面的构成形式会直接影响景观空间内人的视觉感受和行为方式,传递着设计思想和理念,营造着空间氛围和场所精神。

图 3-26 界面和空间(张瑞 绘)

2. 景观设计的界面

微绿地景观空间界面可塑性很高,是可变化程度最大的空间要素。其由众多的景观要素共同作用形成,也是设计师在安排空间布局、形成设计风格中最能体现风格的部分。在微绿地景观空间的建构中,界面的处理手法多种多样,决定了整个景观空间的性格。微绿地景观空间界面建立在地形、水体、植物和建筑、构筑物等空间关系中,展示出空间的形态、肌理、质感和色彩,反映在人们接触到的景观空间中的若干个个体,这些个体正是构成景观空间的要素,通过具体的设计塑造景观形态,承载人的活动。

无论是街头绿地还是过渡性的边角空间,微绿地景观空间界面几乎都是由点、线、面,包括作为水平要素的顶面、基层平面和作为垂直要素的立面构成。顶面指位于感知空间上方,起覆盖和遮蔽作用的水平面,顶界面在微绿地景观中有两种形式,一种是实体的界面,如花架廊和亭子的顶面;另一种是虚拟的顶界面,由植物或者园林建筑围合产生的虚拟效应,这一类的顶面要素往往比较模糊。基层平面是人们接触最紧密的水平界面,为人们提供行为活动和引导路线,具有划分空间和强化景观的作用,最容易为人所感知,在景观中表现为铺装、花池、水景和地被植物等。立面指的是垂直界面,起分隔和围合作用,能在一定程度上产生丰富多样的表现形式,具有限定空间和界定视野的作用,在视线上与之相对,可作为景观的对景、背景或轮廓。具体的垂直界面要素有挡土墙、廊架、水景、植物、山石、围栏、绿篱或花坛立面等,使感知者体验最为直观和深刻。三者相互依存,相辅相成,共同构成微绿地景观空间[83]。景观界面不仅运用美学原理设计,也通过各种形式传达设计理念,这些形式通过不同的表现手段营造的景观环境和场所精神,是人与景观交流的媒介。无论哪种类型的景观,都与空间形式的把握、要素构成、色彩等方面的合理设计分不开。下面总结其规律,对景观空间界面的形态、形式作归纳和整理。

3. 界面的分类

微绿地景观空间的限定需要依靠界面来形成,界面的构成形式也是研究重点。由于界面物质的性能不同,界面可分为虚拟界面、实体界面和自然界面。设计要从空间对人和心理的角度考虑,对不同的界面进行处理。当界面的高度和水平宽度发生变化时,其功能、视线和空间尺度也会发生变化(见图 3-27)。

1) 虚拟界面

虚拟界面虽无形但可感知,主要是通过行为心理使人与空间保持联系。因为空间与界面互为因果、虚实相生。有些虚拟界面并不是完全虚无缥缈的虚拟存在,而是设计师通过某种设计手法借用客观媒介所达到的一种"借景"的效果。《浮生六记》中记载的造园艺术提到"大中见小、小中见大、虚中有实、始终有序,或藏或露,或深或浅,不仅在周回曲折四字也"。这段描写的就是园林景观建造的虚实对比。比如道路为实,草为虚;石头为实,水为虚;光为实,影为虚,属

① 陈思韵.植物界面在景观空间中的表现及其影响因素[J].华南理工大学建筑设计研究院,现代园艺,2015(8):77.

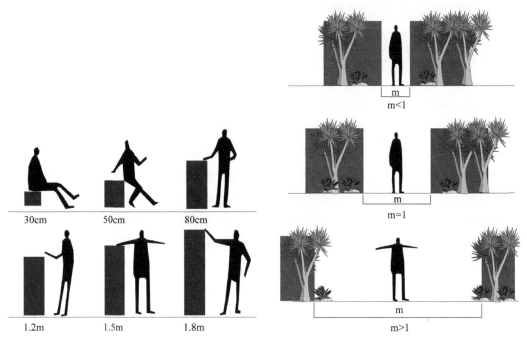

图 3-27　界面高度与宽度（张瑞 绘）

于辩证的空间关系。我们无时无刻不身处在景观的虚实空间之中。但当我们身处一片林地中，阳光下的投影，总让人能感到一种虚幻的界面存在，这种虚拟的界面形式间接的分隔了空间，利用人们主观心理来界定空间场所，看似分隔的界面却藏有联系，增加了景观空间的趣味性和渗透性（见图 3-28）。通过虚拟界面这一方法，对空间进行设计和限定，可创造出更多富有灵活性与创新性的景观空间，实现各种虚拟界面造景。

图 3-28　空间的虚实（张瑞 绘）

2）实体界面

实体界面是一切形态的基础，广泛应用在微绿地景观之中，例如一个树池、一处水景或一个景墙，有具体的形态和轮廓，能够产生存在感，起到视觉中心、定位与平衡的作用。实体界面可以创造空间的私密性或完整性，用景观元素，如水、植物、铺装、小品等要素通过界面把它的形象、材质展现出来，又能限定场地的性质和功能，影响人的活动和空间的氛围。

　　硬质界面是由坚硬物质构成的界面。如砖石、混凝土、石材和金
属等,具有庄重和硬朗的质感。硬质界面是沟通不同功能空间的要
素,例如园路与挡土墙,是建立独立或连续的景观立面的形象标志。
作为空间界面的一个节点,需与周边空间界面功能或形象相协调。
底界面最多的是地面铺装,利用不同的界面材质引导人步行的节奏。
例如园路铺装一般是平铺,首先满足坚硬、耐磨和防滑等功能要求,
铺设的图案和尺度影响界面的美学效果和趣味性。如图 3-29 所示,
材质的变化影响步行的快慢。界面由硬质变软质反映空间特性,暗
示着空间的转变和功能的引导,碎石往往使空间呈现出朴素和淡雅
的特性。

图 3-29　界面的虚实

　　图案化地面是一种能影响人的心理和行为的界面,对行人产生
流动、停止、暗示和方向性的指引。在微绿地景观设计中,创造精美
和趣味性的地面,易于引起人们的注意,同时也显示了聚集、停留和
活动的功能区分。图 3-30 反映了当地气候的地面,精致、艺术和
美观。

图 3-30　趣味的界面

　　3) 自然界面

　　微绿地景观追求自然,以再现自然界面来指导设计。自然界面
既独立于虚拟界面与实体界面,又包含于二者之间,自然景观界面在
微绿地景观中有着独特的景观体验。水体和植物是微绿地景观空间
最常见的软质界面。水体既可以做垂直界面又可以做平面界面,结
合水的动、静、形、声等特性,有意识的应用于设计之中。植物的界面
语言,形成界面生机勃勃的要素。利用植物的树冠形成的空间虚拟

顶面,创造有顶无墙的"灰空间",提供了广阔的林下空间。一般情况下,当植物界面高于普通人头顶时,空间与外界的建构被打断,封闭性较强。首先,当植物高度与人视线相当时,视线由于被遮挡不能贯穿,空间被明确分割,导致心理上有明显的隔离感。其次,当植物高度在人身高的一半时,在空间上暗示隔离但视线仍能保持联系,空间隔而不断。最后,当植物高度低于 0.5m 时,空间隔离感大大减弱,与外界互相渗透,开放性远大于私密性[83]。微绿地景观设计中,植物是表现自然界面最重要的一个要素。所以研究植物与空间、人的关系应作为关键要素,而同时植物材料又作为景观空间的软质界面,能柔化硬质边缘,创造绿色环境,提升空间品质。如雪松、落羽杉等尖塔形和圆锥形的树冠较难形成屏障覆盖,但这一类的植物可以作为景观界面背景。阔叶树的树冠多为不规则形,空间边界轻松活泼;针叶树则呈规则的几何形体,适用于端庄严肃的空间环境。粗壮挺拔的高大乔木营造出安全稳定的空间顶面,在心理上给人庇护和依靠;低矮的小乔木或灌木的树冠则给人尺度宜人的荫蔽感。不同冠幅和树干高矮的植物对空间的覆盖密度大相径庭。综合以上要点,根据其生长规律和自然特性进行空间界面设计,才能更好地实现设计意图和预期效果,建构起收放自如、开合有度、虚实得宜的景观空间。

无论是什么样的界面,都很少孤立存在。通常情况下它们互相联系,构成了多样化的景观界面形态。

① 陈思韵.植物界面在景观空间中的表现及其影响因素[J].华南理工大学建筑设计研究院,现代园艺,2015(8):77.

3.3.5　空间肌理

空间肌理是空间界面的外在属性,是最能够体现景观特征的表现形式,用于描述景观空间和景观形态的某些特征。空间肌理首先体现为一种结构化的物质环境,涉及街区模式、广场形态、公园类型、步行交通环境等公共空间。这种具体的可操作的物质环境构成了连续的城市空间网络肌理,体现了城市的风貌和布局特征。不同类型的空间肌理由于内在组织结构和组成成分造成了不同表现的肌理。

这些不同物质形态的肌理具有功能的差异和互补形成了不同的景观空间肌理,同时推动了人们在城市空间中的行为连接。本节从形态肌理和场所肌理影响下的景观空间探讨不同的景观特征与关系,二者形成的空间肌理传递着高密度城市的景观信息。

1. 形态肌理

形态肌理指的是具体景观元素,包括地形、地貌、植被、水体、构筑物等所组成的各种物质形态的表现,具有自然性和多样性,表达的是景观要素的空间结构、组织关系和不同材质的表面肌理。这些形态包括了构成景观的大部分肌理要素,对城市景观起着重要的作用。

一个空间是否具有活力很大程度上取决于肌理组织的形态和特征[84]。城市肌理是一种城市显现出来的空间特质，这种空间特质是由城市自然环境系统和城市人工系统相互之间的长期作用所形成的。城市肌理直接地反映了城市的结构和空间特点。通过无人机获取的影像图（见图 3-31），包括了道路、环岛绿化、隔离绿化带以及建筑物布局等数据信息，可以清晰地看出具有高密度城市特征的公共交通空间中的微绿地景观布局和空间肌理形态。景观形态为不规则的大型和小型斑块分布布局。空间肌理的建设目标是道路的连通性、空间尺度的宜人化、景观要素的多元化和功能的复合化，表现出了城市肌理结构的连通性。微绿地景观的设计原则和策略正是对城市空间肌理的梳理与修补，呈现了空间演变的内在逻辑与现实生活之间存在的密切联系。

① 林青青，何依.分形理论视角下的克拉科夫历史空间解析和修补研究[J].国际城市规划，2020,35(1)：71～78.
② 王丹，庄静霞.基于自然肌理和人文肌理的景观设计探讨[J].广州大学松田学院.2016(15)：197～198.

图 3-31　城市公共交通空间肌理形态 许融 摄

（1）地形。地形和地貌是景观形态肌理形成的主要影响因素。微绿地景观的地形特点一般可大致分为起伏变化和较为平坦的两个类型。其中起伏变化的景观容易形成多变、趣味的自然肌理空间；而平坦的地形景观由于地势平缓，容易形成开阔、平远的自然肌理空间。在微绿地景观设计上可以结合地形的自然特性，改变三维空间效果，在重要的特殊地段进行人为的高度调整，增加城市自然肌理的多样性和识别性[85]。

（2）水文。城市水系对景观肌理的形成和演变具有重要的影响。珠三角地区河道水网密布，城市里河涌众多。水景观设计直接影响城市空间形态和水文肌理。可持续的水文措施，不仅包含了自然形成的水资源。在城市微绿地景观设计中，可运用雨水和废水，从而不会对水生生物栖息地或地下水资源产生负面影响，例如与水相关的雨水花园、湿地、屋顶绿化等形式的存在，在一定程度上改变了景观肌理。

（3）本土植物。在景观设计中，以"乡土植物为主，外来植物为辅"一直是城市绿化的重要准则。植物作为一种最重要的自然景观元素，在城市景观营造中具有显著的作用。本土植物由于对当地具有天然的适应性，并且有地方特色，往往成为当地自然肌理的重要组成要素。另外，保护构成景观中各种承载着历史信息的古树名木在内的绿化体系等也是延续城市历史肌理的重点所在。

（4）道路。道路连续性越强，城市肌理形态越清晰完整。道路体系连通性的增强可以支持城市中人与人、人与物之间进行更多可能的互动，进而提升城市活力。高密度、可达性和紧凑化意味着同样面积内能拥有更多的道路，它们之间具备更多的交叉，从城市中的一个地点去往另一个地点便有了更多的可能性。城市道路是城市景观的空间骨骼，其形态很大程度上决定了城市肌理的空间结构。

（5）构筑物。构筑物决定了空间肌理的布局、形式、疏密和轮廓。人们日常居住使用的公共空间作为城市中最基础的景观类型，是城市肌理中非常重要的一个元素，决定了一个空间的功能和特征。在不同的环境条件下，构筑物的空间形态也发生了不同的变化，变化过程有共性也有特性。作为高密度城市，人口多，土地价值高，为了使价值达到最大化，构筑物的选择和布置应体现高效和复合化，从而提升城市多样性与场地空间活力。

2. 场所肌理

场所肌理创建的是景观空间与人的需求、文化、社会等的联系。场所肌理相对于形态肌理来说拓宽了空间肌理的研究视角，注重历史和文化对景观空间的重要性，将物质特征的形态肌理延伸至人文层面。诺伯格·舒尔茨在《存在·空间·建筑》一书中提到，城市肌理和边界是领域的基本特性，由于场所本身的特征不断重复，人们的归属感与认同感才得以满足。并在《场所精神：迈向建筑现象学》中指出，场所是具有独特性格的空间，建筑的意义在于将场所特征视觉化，强调城市空间、城市肌理的可识别性。

（1）生活方式。空间肌理不仅影响空间品质，也能够影响内在的环境行为。生活方式是在一定的历史时期和社会条件下，社会群体范畴的一种生活模式，包括衣、食、住、行，也包括当地的宗教信仰，风土民情等。生活模式的不同会形成独具特色的文化氛围，其往往会物化到城市的景观空间[83]。公共景观空间承载着生活，强化人们对空间的认知，一个人性化和高品质的景观应体现出融洽的邻里关系以及对当地气候的适应性，为人们的交往提供亲切的尺度感，长期使用此类景观空间的人们形成特定的交往氛围与生活方式。

（2）地域特色。景观学和景观都市主义十分地注重对地域特色的传承和延续,重视城市人文景观的塑造,使得城市的历史记忆、生活方式、人文精神等在城市开放空间中得到延续,使城市开放空间与城市自然、人文环境得以整合。有利于强化人们对场地的认知,从而感受到精神上的归属。为保护在历史发展过程中所积累的不同时代的历史文化信息,景观肌理作为城市生活的物质载体,被赋予了不同历史时期的人类情感与生活状态,其所体现的传统生活方式与传统民俗具有重要的价值。

空间肌理梳理的不应仅是实体空间,更是虚拟空间中具有特性的历史与文化、行为与社会。景观空间是城市空间的重要组成部分,强调和着眼于空间肌理,才能理解景观形式与空间之间的关系。城市中有紧密联系的城市结构和高密度来往的人群,众多的街巷、花园、院落、休闲区和广场,有着形形色色的外形和尺度,形成一个等级相连的网络肌理。除了探究空间肌理,更应该关注微绿地景观与城市整体空间环境相协调的设计意识,将城市自然景观和文化特色进行延续。

以上内容是对空间形态、空间风格和空间构建的归纳和整理。对空间的重视,创造尺度宜人的景观场所是微绿地景观设计的主要方向,也可以说是一切微绿地景观要素的设计原则。寻找各要素之间的联系与差异,结合现代的设计手法,尊重自然生态,在很大程度上决定了微绿地景观空间结构的连结所在,是高质量微绿地景观设计的关键所在。

总之,随着社会的不断进步,城市里的环境设施也在逐步调整和完善,生活在城市中的人们对环境品质的要求也得到了新的提升,越来越强调景观的生态性、人居环境质量和文化特色。总结以上微绿地景观空间构建的内容,适应设计众多学科的发展结合,可为高密度城市环境提供更多的公共空间。

第4章 分析微绿地景观设计内涵和要素

本章从微气候的原理、生态效能、植物设计和人的行为模式分析微绿地景观设计的内涵和要素，以期建立更全面、完善的微绿地景观设计体系。对微气候起重要作用的水、地形、风向、日照、植物和建筑布局等要素对保持水土、净化空气、调节温度、防风减噪、平衡城市生态环境等均具有调节功能，无论什么样的微绿地都应该采用微气候原则来指导设计；生态效能是微绿地景观设计建立资源集约利用、生态环境安全、人与自然和谐共存的核心理念；园林植物是景观要素中最具有生命景象、最能改善小气候和土壤等生态环境的，结合种植形式、人文要素、感官要素对其进行了分析；最后，从人群密度、人群状态和逗留时间研究人群行为是微绿地景观设计真正实现以人为本的设计理念。

4.1 气候因素

4.1.1 气候

影响气候的主要因素有三点，包括纬度因素、海陆因素和地形因素。除此之外，气候的影响还会受到大气环流、洋流和人类活动的影响。特别是大气环流，是影响气候的重要原因。首先从大的方面来讲，太阳辐射根据纬度的高低从赤道往南北极逐渐递减，从而影响了各地气温和热量带的高低分布。太阳辐射的纬度分布不均和海陆之间的热力差异，造成了地表各地区之间的气压差异，从而形成了大气环流。大气环流则是整个地球的热量和水汽分布的调节器，改变着各个地区的气候。每一个地区都有它的气候条件和文化模式，反映在特殊的食物、衣着、习俗、娱乐方式、教育水平和文化追求等。

　　大自然是一个复杂的系统,环环相扣形成一个生物多样性、适宜人居环境的大气候。按照大气统计平均状态的影响和空间尺度,可将气候分为大气候和小气候两大类。大气候指的是较大地区范围内各地所具有的带有共性特点的气候状况。小气候(也称为微气候)指的是小范围内因受各种局部因素的影响而形成的气候状况(见图 4-1)。

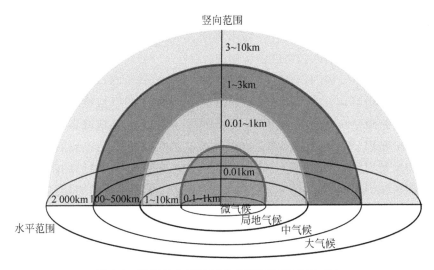

图 4-1　气候的空间尺度及时间范围(郑玉怡 绘)

　　气候对人的活动影响很大,特别是微气候,因为人绝大多数活动都在近地面层内,例如植物、水、风、建筑等。与较大范围的气候相比,微气候有 4 大特征:范围小、差别大、变化快、规律较稳定。更多时候人们会通过自身感受、社会需要,制造其活动范围的气候,即使其更加舒适地活动的微气候。

　　气候对设计的意义在于,每一个气候带都有自己显著的特征,且强烈的影响所规划场地的发展或建筑。而创造一个良好舒适的环境就需要考虑更多的气候问题,避免不利天气对环境的影响。

　　无论是什么气候带,气候与自然之间都存在着最密切的关系。因此景观设计师应该极为专业地理解宏观气候和处理微观气候。珠三角地区处于亚热带气候条件,年温差变化和日温差变化都比较小,具备了人们在户外活动的条件。气候、宜人及活动内容在设计中是紧密联系的几个因素,如果景观设计的中心目的是为人们创造一个满足需要且舒适的环境,那就必须首先考虑气候。气候是基础,因为它决定了人们的生活方式和活动范围。

4.1.2　微气候

伴随着高密度城市建筑容积率过高等问题,城市微气候对人居环境质量的影响不断加剧。城市里的园林绿地空间,无论多大的面积,都具备其各自的微气候。特别是高密度城市中心区,存在着许多密集且开放空间,这些空间也是城市人口主要的室外活动单元,需要运用微气候设计原理对场地进行协调,营造宜人的微气候环境是景观设计者努力的目标之一。城市热环境与城市空间布局、城市结构、城市建筑密度和人口密度密切相关。

这些微气候的指标往往是隐性的,不易被察觉的,属于人们日常生活的小环境,这种特定环境下、有限的区域内的气候状况的科学,称之为微气候。如图 4-2 所示,微气候受到该地区气候的影响,以及建筑布局、水系、植被的覆盖率以及人口密度等因素的综合作用。主要热量来源于太阳辐射,太阳辐射到达地表前在大气层已经削弱大部分能力,通过风、空气对流和建筑的遮挡,减少部分的热量到达地面。太阳辐射是影响微气候的重要原因,而下垫面的属性是影响微气候的主要原因。下垫面的建筑空间里进行着固体导热、蓄热,以及植被、水体散热等过程。因此,在设计中需要注意通风,以及水系和植物的运用。在规划设计中,应尽量利用生态环保的方式去调节户外空间的舒适度。

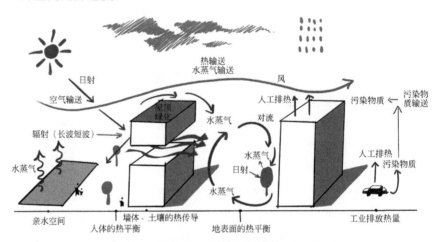

图 4-2　城市微气候运行机理(郑钰怡 绘)

在亚热带气候条件下,夏季大多具有湿热气候特征。全球气温变暖和城市热岛效应的作用,加剧了湿热气候区户外公共环境的负面影响,直接影响到人的身心健康。夏季需要做好防晒防暑,引进风改善相对湿度是很重要的与微气候相关的问题。否则,白天的热,尤其是八月份,几乎使人难以忍受。由于城市热岛效应,这与温带气候条件下一年中的好几个月,人们都很难在户外喝咖啡、驻足停留或是小坐,是截然不同的气候状况。因此,微气候对设计的意义体现在以下几方面:处于亚热带气候条件下,高密度城市微绿地在设计中应避免大面积的硬质铺装,因为城市中的建筑、道路和高架桥等硬质环境已经充满着整个城市,应将众多小型分散的公共空间设置成以植物为主的绿化空间。这样的空间使得城市里各个阶层的人都能受益,对住在附近的居民、老人与儿童就最能得到好处了,既阻挡过滤了来往车流的噪声和粉尘,又提供了相对安静的空间和绿茵。因此,在不同气候区,景观要素的微气候效应不同,适应城市气候的景观设计策略也应不同。

微气候是一门具有复杂性和综合性特点的学科,涉及人体舒适度、数值模拟分析、热岛效应、风、热环境、气候变化等,偏重于科学定量的研究论证。本研究关注微绿地景观设计对城市微气候的调节与改善作用、受城市空间结构与气候影响的有限的尺度内的气候,以及微绿地景观设计的问题。将微绿地景观与微气候结合起来进行思考,重点探讨微气候对环境的影响。用微气候理论指导景观设计,更加提高微绿地景观设计的精细化设计水平,建设理想、和谐生态的人与环境的关系。

人类活动和下垫面性质对局部地区气候的影响非常重大。对于1km 水平范围内的微气候来讲,建筑布局、绿化情况和铺装材质等对微气候的影响最大[86]。

① 邹经宇.多尺度的跨学科环境模拟与可持续城市规划和绿色建筑设计支持[A].中国城市科学研究会.2006 中国科协年会分会场——人居环境与宜居城市论文集[C].中国城市科学研究会,2006:13.

1. 指导原则

随着城市化进程的加快,城市高楼密集,造成城市平均气温超过郊区。水、地形、风向、日照、植物和建筑布局等要素在影响微气候中起到了重要作用。在亚热带气候条件下,主要考虑较多月份的夏季微气候调节为主,兼顾冬季的微气候研究。想要规划一个适宜的环境,无论什么气候,都应采用许多有益的微气候学原则,同时对美化城市、改善城市的小气候、保持水土、净化空气、调节温度、防风减噪、平衡城市生态环境等均具有调节作用。微气候的利用对提高城市微绿地景观的质量具有重要的意义。

(1)引进水体。任何形式的水的存在,从细流到瀑布,在生理和心理上都有制冷的效果(见图 4-3)。水蒸气可以为周边环境带来增湿降温的效果。特别是在城市中心区,交通密集带来空气污染和噪声,水景观可以净化空气,水流的声音可以过滤噪声。在炎热的夏季可以为周边的使用者提高人体舒适度。水体是改善户外空间热舒适度相对更适宜的景观要素。

(2)植物要素。植物对一个空间的遮蔽或开敞起到重要作用,树

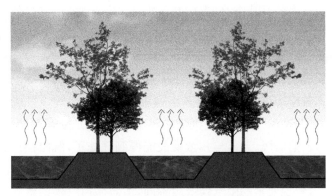

图 4-3　水元素带来的微气候（尹婕 绘）

冠直接影响雨水的截留、太阳辐射的效果,有助于调节温度和空气湿度平衡。在密林区,植物以多种方式缓和气候问题：遮蔽地表,储存降水以利于制冷,保护土壤,通过蒸腾作用使燥热的空气冷却,提供阴凉、树影,抑制风速。适当的栽植落叶乔木,有利于冬季无遮阳的情况下纳阳采暖(见图 4-4),从整体上提升人们的舒适感。植物也具有一定的滞尘能力。植物叶片表面可以分泌黏性汁液,能够截取和固定大气尘埃,使其脱离大气环境。因而园林植物成为净化空气的重要过滤体。

图 4-4　植物元素带来的微气候（尹婕 绘）

(3) 消灭酷暑、寒冷、潮湿、气流和太阳辐射的极端情况。在一个有限的场地中,利用雨水的过滤与收集,滋养土壤,降低径流,为小昆虫和微生物提供了生存能量(见图 4-5)。

(4) 植物和建筑对其覆盖空间的降温效果较明显,可形成提供直接庇护构筑物的小气候,以抵抗太阳辐射、降雨、风、雨和寒冷。人与微气候环境的关系是十分密切的,人体无时无刻不在通过新陈代谢和周围环境进行物质交换。人体对微气候环境的主观感受,即心理上是否感到满意、舒适,是进行微气候环境评价的重要指标之一。一

图 4-5　雨水元素带来的微气候（尹婕 绘）

般认为"舒适"有两种含义：一种是指人主观感到的舒适度；另一种是指人体生理上的适宜度（见图 4-6）。

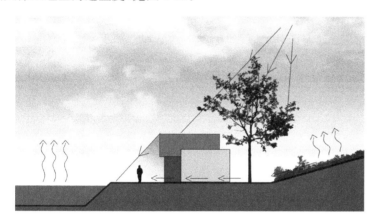

图 4-6　构筑物元素带来的微气候（尹婕 绘）

（5）风也是长期行之有效的能源。湿热气候区夏季减少太阳辐射照度、增加风速会形成良性循环：降低温度和湿度，温差又会提高风速，可以很好地改善湿热气候区的微气候（见图 4-7）。

图 4-7　引进风、带走风的微气候（尹婕 绘）

2. 微气候效应设计策略

应根据微气候指导原则,确定场地整体及各主要公共空间的微气候特征及利用价值。微绿地景观设计策略以改善局部气候,利用优势空间,形成多个城市公共活动中心,建立以健康、生态景观环境为目标。

使用者对微绿地景观环境的感受是对其好坏评价的最直接的标准,是从生理到心理的舒适感受,体现在视觉、听觉、嗅觉、味觉、触觉等多种感知中。

1) 整体布局

应对场地的气温、风速、风向、光照度、相对湿度、降雨量等微气候参数进行调研,结合场地周边环境进行分析,如:建筑密度和用地性质、交通情况、车流的方向等,确定植物、水体、铺装和景观空间断面等要素对微气候的影响,配合景观要素设计空间的功能、场地位置、主要使用人群进行整体设计。

2) 铺地材料

铺地材质对微气候的影响极大。从地面温度来看,铺地材质的反射率越高,比热容越大,地面温度越低,材料对地面温度的影响大小还需结合地面获得的太阳辐射而定。整体来看,材料的反射率越高,空气温度越低。铺地材质的含水量对铺地表面温度影响很大,材料含水率越高,表面降温越明显;铺地的蒸发作用受地面太阳辐射强度和环境相对湿度影响,太阳辐射越强,环境湿度越小时,蒸发降温效果越显著。优先选取反射率适中、含水量较高的铺地材质,如透水砖、淋水地面等,利于降低空气温度并减少人行高度上的短波辐射[87]。

3) 植物

植物的微气候效益很明显,研究表明,乔、灌、草的搭配组合在过滤粉尘和噪声、净化空气方面效益突出。乔木的树冠高大浓郁,太阳高度角较高时可遮挡大量太阳辐射,对降低地面温度十分显著。可见景观环境的遮阳作用可大幅降低铺地材质的表面温度,太阳辐射越强,材料的反射率越低,遮阳、降低表面温度效果越好。在营造微气候的微绿地景观设计中,可将遮阳与生风结合,采用植物与水、乔、灌、草等复合环境。

微气候的研究和实践,开拓了景观设计的新领域、新依据和新途径,具有重要的应用创新意义。摆脱了主观认知、符号参考、形体隐喻,实现了景观设计由主观艺术形态到环境性能生形,由设计后期评价到融入设计过程,从审美到生态理念的转变,微气候研究对景观设计有着广阔前景。

① 李丽,肖歆,邓小飞.以微气候营造为导向的绿道设计因素实测研究[J].风景园林,2020,27(7):87~93.

4.2　生态效能

城市化带来的高密度城市体现了人类历史前所未有的变革,同时也带来了自然、社会和生态方面的诸多挑战。人们越来越意识到环境持续的恶化,城市中的人们与自然亲近的机会越来越难寻找。而生态学为改善城市的环境质量提供了有效的依据和方式。景观设计师开始探索运用生态学来指导设计,寻求更科学的植物配置,以便降低后期的维护成本并且形成一个类似自然群落的城市环境。微绿地景观包含了大部分的自然要素,对维系城市的环境生态功能有着不可忽视的作用。

4.2.1　生态功能

生物与其环境之间的相互关系是生态学研究的核心。生态功能是对生态环境起稳定调节作用的功能,即维持城市生态平衡,改善城市自净能力,保护生物多样性,并且能够提升城市景观和生活质量。

微绿地景观以生态学原理为指导,主要以动植物、土壤、水体、气候等自然要素,结合建筑、园路等人工要素营造游憩空间的艺术,体现城市绿色空间的生态、文化、娱乐、美学等要求。

动植物、环境空间和人构成景观中的三大主体。生态学优先考虑生物、环境之间的关系,健康的生态系统能够更好地为人类服务。因此,微绿地景观生态功能是"基于生态学思想和原理来协调景观中的动植物群落与环境空间之间的关系,并为城市中的人们提供具有生态系统及其典型特征的景观类型"。以此作为微绿地景观营造的重要依据,并使生活在城市中的人们在休闲和游憩活动中感受自然、了解自然和保护自然。

微绿地的生态功能最突出的是通过植物对城市环境的保护机能和构成城市生态结构两方面实现的。从保护环境的角度而言,植物可以吸收二氧化碳,放出氧气;又可以吸滞烟灰和粉尘,减少空气中的细菌含量,吸收有害气体;通过蒸腾作用,降低环境温度,净化水体和土地,对改善城市小气候有着积极的作用。为了理解微绿地的生态效能,通过对自然生态性、生物多样性、景观完整性、降低干扰性、补偿与保护性、低维护成本性的设计原则来理解具有复杂相互作用的生态景观设计,最终以提高微绿地景观的生态效能为目标。

4.2.2 生态设计原则

1. 自然生态性

自然生态性的设计原则要求设计与自然环境相结合,即与当地自然气候、物种相适应,不破坏自然,甚至对已遭到生态破坏的环境进行修复。不仅要为人类,还要为无数共享这些环境的物种设计丰富健康的环境。野生动物生态学家奥尔多·利波德在20世纪40年代的著作中建立了"土地伦理",极具说服力地提出人类和自然有着千丝万缕的内在关联。因此,生态微绿地景观设计应从当地的自然环境特点入手,对其地理、地貌类型和动植物区系特点进行深入研究,据此确定设计方向,使景观环境空间特征与当地的自然景观特征相一致。

2. 生物多样性

在高密度城市推广生物多样性和保护现存生态圈中敏感动物的机会非常少。但不管怎样,在城市中心区维护生物多样性可以带来的收益是显而易见的。

首先是对人类健康和福祉的影响。人的生存和进化绝大多数是依赖于大自然并与大自然保持联系的。许多的研究也证明了与大自然接触的益处,包括疾病康复、精神健康、放松等。

其次能够维持环境的自循环功能。微绿地的设计或现有空间结构的优化要注意保证群落结构的多样性,能吸引野生动物,特别是鸟类、蝴蝶和小型动物,从而提高微绿地的生态功能(见图4-8)。合理的群落结构只有具备完善的自循环功能,才会形成相对稳定的可持续景观。

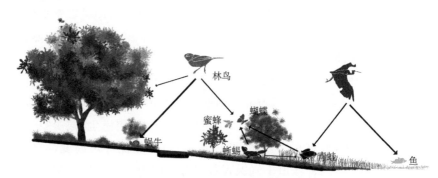

图 4-8　环境的自循环功能(郑钰怡 绘)

生物多样性设计需要符合场地生境特征中的植物立地条件、稳定性及美学功能。要对地形、水体、土壤、光照、微气候条件等进行概括与判断,在这些相互制约的因素之中,往往可以找到作用于场地的主导或主要生境因子,确定植物或其他要素的构成。生物多样性设计是微绿地生态建设切实可行的有效和必要的途径,具有两方面意义:一方面可以有效保护自然生物群落的良性演替,具有可持续发展的意义;另一方面,虽然城市微绿地属于人工绿地系统,但也是对城市生态系统的有益补充。因此应根据群落的成长阶段进行人工维护和更新,构建接近自然植被特征的微绿地群落。

3. 景观完整性

作为一个生态系统,景观结构和格局是相互联系的整体,其内在联系正如食物链一样,是不能破坏和割裂的。微绿地景观设计强调以该区域人文生态系统为核心,立足于地方性,发挥自然资源与社会条件的潜力,形成生态环境功能及社会经济功能的互补与协调,同时考虑区域或城市的环境,建立开放的景观生态系统。组成生态系统的各个要素总是综合的发挥作用,包括人在内都是这一生态系统的内在组成部分。整体性是景观设计的核心,维持和保护生态系统的完整、稳定、和谐、平衡和持续存在是衡量设计成败的根本尺度。完整又稳定的群落结构内部各要素之间会存在合作共存、互惠互利的关系。微绿地景观尽管尺度小,但也存在着景观完整性,如图 4-9 所示,这个水塘的设计就是很好的例证。水塘种植的挺水植物能吸引蝴蝶和鸟类,水中的微生物能滋养土壤、浮水植物和沉水植物,形成一个循环共生的生态环境。利用物种之间的共生原理来配置或调控其结构,也是微绿地设计需要注意的环节。高密度城市绿地多数被城市建筑层层包围,绿地景观分散。因此,在规划时要考虑景观元素的空间分布和结构特征,使微绿地景观各元素之间具有连通性,特别是增强景观元素相互间的连接度,形成较为完整的城市自然生态系统。

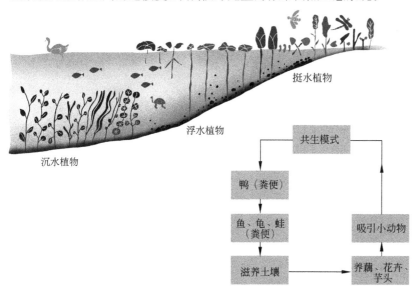

图 4-9　小水塘共生互利的生态关系(郑钰怡 绘)

4. 降低干扰性

干扰分为自然干扰和人为干扰,自然干扰发生的范围较大,如洪水、火灾、火山爆发等。由于微绿地景观环境是较小尺度的,所以更多表现为人为干扰,例如兴建构筑物、开挖土地和伐木等高频度、小范围活动。比如,尊重场地原有地形与地貌,减少大型开挖施工,以防严重干扰地下生态环境,从而节约成本以及减少搬迁过程中产生的污染。人对景观的干扰较为巨大,甚至过度索取。尽管微绿地景观设计的规模较小,但应借助自然力量促进生态系统恢复与再生,尽可能保留原有环境资源,减少浪费,做到合理规划设计。

5. 补偿与保护性

采用科学的方法对景观绿地的生物多样性进行补偿,是改善城市生态结构,增强城市景观的生态技能的重要途径。在生态设计中,原有的环境通常是被保护的而不是被改造的。保护景观的完整性是设计的第一准则。设计并不是简单的复制历史就可以恢复生态功能,需要结合新的形式及过程来补偿、改善和重建生态环境,例如移除侵略性的植物并重新栽植合适的植物。通过类似的做法在保护环境的同时,适当调整环境保护与设计方案,保障景观设计美观性,促进人与自然协调发展。

6. 低维护成本性

一个场地的生物和物理环境不可能是静止的,它们会随着时间和季节的更替而变化。场地维护和实施能够更好地运行、管理和为人们提供服务。群落和环境空间是景观物质空间构成的主体,也是规划设计师们易于掌控的规划设计要素。因此植物后期的养护成为景观设计的重要内容。植物模式的构建顺序依次为乔木层、灌木层、草本层与地被层。因为种类不同,又处于不断变化中,为确保植物能正常生长,需人工参与完善、调整和补充维护。植物景观设计应与生态理论相结合,在保证美化景观的前提下,使人工环境与自然环境互利共生,植物群落稳定发展,物种多样化、本土化,尽可能降低维护成本,建造生态平衡、环境优美的游憩环境。

在深圳高密度的梅林片区,有一个有别于传统绿地大面积石材铺砌、大规格苗木的景观做法,将空置 20 年的土地采用低成本低维护的策略进行了设计和建造。被砸碎的旧混凝土块当作景观材料,作为海绵城市技术措施堆砌成能疏导下渗的雨水(见图 4-10)。

应根据当地的区域功能、绿地水系土壤特性,合理配置植物类型,尽量种植本地植物。在满足设计要求的同时,可以节省后期养护成本。微绿地自然环境空间和景观环境空间在地形地貌、空间尺度较小,空间的塑造不可能是自然环境空间的简单模仿或浓缩,而应是

图 4-10　低成本低维护的景观

基于自然环境空间特点的再创造,使得微绿地景观能够在咫尺空间再现当地的自然环境空间特点。在设计之初,需要根据生态环境要素的调研结果,保留有价值的自然资源,根据这些资源对环境的影响范围来确定景观的布局和结构。

　　生态景观设计的理念已经在时代和社会伦理范围内被广泛接受。微绿地景观设计是以生态学为核心理念,指导资源集约利用、生态环境安全、人与自然和谐共存的景观设计。以微绿地为对象进行生态设计的研究,从较小尺度探讨绿色、生态、可持续的价值和意义,具有更加良好的实施效果和示范效应,有利于实现生态城市的可持续发展。生态景观设计是一个对环境产生积极影响同时又能提高社会平等性的组织模式[88]。微绿地景观是一个高度人工化的生态系统。设计一个良性发展、符合生态规律的城市景观应具有合理的结构,从理论上说,应全面考虑以上的生态设计原则。微绿地在尺度上的局限性决定了在设计过程中,对于生物群落的组成和结构多样性应该遵循"小而精"的原则,不要追求"小而全"。微绿地景观空间对改善环境的潜力显而易见,当微绿地形成一定规模和数量,对改善城市环境、保护人类健康、发展生物多样性,均具有重要意义。应遵循设计结合自然的基本原则,从大处着眼,从小处做起,建立系统化的生态城市设计方法体系和创新思维,使这些微不足道的空间重新焕发生命力,实现城市可持续发展的终极目标。

① 南希·罗特,肯·尤科姆 著,樊璐 译.生态景观设计[M].大连:大连理工大学出版社,2014:18.

4.3　植物设计

　　园林植物作为景观要素中最具有生命景象、最能改善小气候、土壤等生态环境的元素,结合各空间功能要素为人们简短的日常活动,如休憩、交流、途经、暂歇一时等活动提供必要的自然空间,植物设计在微绿地景观中扮演着重要角色。

微绿地植物景观设计,即植物造景或者植物配置,运用乔木、灌木、藤本及草本植物来创造景观。通过小面积的地被或单株植物经过排列组合等方式,将植物本身具有的形体、线条、色彩等自然美表现出来,兼顾植物的实用功能、观赏价值、颜色层次和自然造型,与地形、水体、建筑物、构筑物、铺装、小品等搭配设计出既符合实用功能又符合艺术审美和生态效益的微绿地空间。

4.3.1　种植形式

1. 基本形式的植物景观设计

园林景观植物种植设计的基本形式有三种,即规则式、自然式和混合式。

1) 规则式

规则式又称整形式、几何式和图案式等,是指园林景观中植物成行成列等距离排列种植,或做有规则的简单重复,或具规整形状。适合于较为平整的地形。多使用植篱、整形树、模纹景观及整形草坪等。花卉布置以图案式为主,花坛多为几何形,或组成大规模的花坛群;草坪平整且具有直线或几何曲线型边缘等。具有整齐、严谨、庄重和人工美的艺术特色。

具体的样式有对植和行植。对植一般强调的是均衡的空间关系。对称对植,一般是指中轴线两侧种植的树木在数量、品种、规格上都要求对称一致。行道树是这种栽植方式的延续和发展,常用在微绿地景观的入口处。在树种的选择上,要求形态整齐、大小一致。非对称对植,只强调一种均衡的协调关系,当采用同一树种时,其规格、树形反而要求不一致,这种对植也可以采取株数不同但每侧为同一树种的小树,也可以两侧是相似而不同种的植株或树丛。行植多用于行道树或绿篱。当行植的线型由直线变成圆形时,也可成为环植。行植成绿篱者,可单行也可双行种植。

2) 自然式

自然式又称风景式、不规则式,主要模仿自然景观,追求自然的形态。各种植物的分布自由变化,没有明显的轴线和规律。树木种植无固定的株行距,形态大小不一,充分发挥树木自然生长的姿态,不求人工造型,充分考虑植物的生态习性,植物种类丰富多样,以自然植物生态群落为蓝本,创造生动活泼、清幽典雅的自然植被景观,如自然式丛林和疏林草地等。自然式种植设计常用于自然式庭院、街头绿地安静休息区、自然式小游园、居住区临街绿地等。非常适合地形起伏变化、道路蜿蜒曲折的场地。景观小品布局非对称,植物以孤植、丛植或群植为主,显示自然的群落状态。

3) 混合式

混合式是规则式与自然式交错组合的形式。即在一个微绿地空间中,同时采用规则式和自然式两种手法来设计建造景观的方式。混合式植物造景吸取规则式和自然式的优点,既有整体效果,又有丰富多变的自然特点。混合式植物设计一般会结合地形进行整体设计,如果地形变化复杂,自然式为主,结合规则式种植布局;地势平坦、面积不大、功能性较强的场地可采用以规则式为主,自然式为辅的布置方式(见图 4-11)。混合式植物造景根据环境条件调整规则式和自然式的比重。

图 4-11　街头绿地混合式植物造景(许融 摄)

2. 花境的植物景观设计

花境是模拟自然界林地边缘地带多种野生花卉交错生长的状态,强调群体美和季相美,按照色彩、高度、花期搭配成群种植的艺术手法。花境在微绿地景观设计中应用广泛,极大地丰富了视觉效果。

(1) 花境的植物选材角度可分为 2 类。花境在微绿地空间中设计时,特别注意要让花境较长时间保持自然景观,观赏期长,有季节变化;具有较好的群落稳定性。

① 宿根花卉花境。可以将花境定义为以宿根花卉、花灌木等观花植物为主要材料,是基于长轴的方式所演进的带状构图,结合了竖向构图和横向构图的综合景观。首先,从水平角度来看,花境属于多种花卉的块状混合种植,从竖向角度看,花境能够展现出植物的高低错落的形态,一般每丛花卉由多种花卉构成,相同的花类需要合在一起种植。花境中需要确定主次,主花作为主要基调,然后用其他花卉进行补充和点缀,使得各类花卉营造出美观效果。花境就是营造出

植物景观的整体效果,利用植物自然的生长形态,此外运用花境的形态引导游览路线。

②专类花卉花境。由同一属不同种类或同一种不同品种的植物为主要种植材料。

(2)花境的观赏角度可分为3类:

①单面观赏。只有一面景观能够观赏。例如:以绿植、墙体、树木等为背景展开种植,形成带状花墙,种植趋势是前低后高。

②双面观赏。两面都可观赏的花境,没有背景,互为景观。

③对应式。应用较广,例如公路和花园等地。

如图4-12所示,花境中可以应用的植物材料缤纷多样,可大致分为花卉植物、高茎植物、阔叶植物、低矮匍地植物、花灌木、观赏草六个类别。将它们进行合理搭配,最矮小的花卉搭配于最外层,可以使花境形态丰富,色彩美丽。

图4-12 花境造景

3. 花境的应用设计

花境在近年来已经成为开放式公园、绿地中树坛、草坪、道路、建筑中常见的造景手法之一。常见的花境一般设计在边缘位置,将景观与草坪完美衔接和过渡,以外还有带状花境、双侧花境等。

在如今园林建设再现自然生态、追求景观多样化与可持续性发展的形势下,高密度城市的微绿地景观对花境的运用更为广泛,它对丰富城市景观、提升植物造景的物种多样性和城市绿化水平等均有积极作用。

4.3.2 人文要素

1. 植物的文化性

植物自身有着文化性,为了纪念或追求美好的愿景,常常会通过植物隐喻、象征创作景观,表达众多的内涵及人文精神,广泛地应用在景观空间中。在珠三角地区一些城市中,对日常使用的植物依然保持传统的习俗。植物被赋予了带有辟邪、吉祥的性质。比如梅、兰和竹，象征着傲骨、高洁和君子；生菜、芹菜等蔬菜被喻为生财和勤快。通过植物的数量、形状、色彩和命名等特点，人们通过联想、比较或谐音、会意等方式，赋予它们某种特殊意义，达到人们某种心理效应。物化象征就是指借助某些具体的事物或物体来表达某种意象，极大地丰富了微绿地景观的人文内涵。再如菖蒲，叶片狭长渐尖，象征去除不祥的利剑；甘蔗，多节，寓意步步高升、永恒；石榴，果皮内百籽同房，象征着母亲，寓意对人类生命力的崇尚和赞颂，也是一种多子多福的生育信仰[89]。微绿地景观设计可充分利用植物自身的文化特性及象征意义，与环境相融合，以满足不同的植物景观需求，使景观表达更加生动具体，富有意境美。

2. 植物的乡土文化

在微绿地景观设计中，针对植物的生长环境，选择适宜的乡土物种进行合理地配置，以达到绿地效能最优化。乡土植物最能适应当地的气候和土壤条件，这是长期进化的结果，能发挥最佳生态效能。

乡土植物的应用，有助于开展各地乡土植物利用价值的研究；可以保护乡土物种的遗传多样性；植物更易存活且长势良好，可有效提高植物的成活率，对当地的生态环境破坏程度最小，相对而言也更加经济、适用；植物的生态习性更好地与景观环境相适应，可以增强场地的地域特色。

具体的设计工作中，应确保植物的生长习性与当地的气候特点相吻合，从而选择具体生长空间时，应基于对当地季节气候特点、降雨特点以及土壤成分特点的综合分析，选择适合栽培或种植的植物，并为此类植物提供更安全、更合理的生长空间；应满足风景园林设计中植物配置与规划的基本原则，即植物多样性原则、植物功能性原则以及适地适树性原则，并以此原则为基础，合理应用具体的植物配置与规划方法。

4.3.3　植物景观设计的感官要素

在微绿地景观感官体验中，视觉感知最为重要，此外，听觉、嗅觉、触觉及味觉作为辅助感官刺激能充分激发对景观感知的趣味性。甚至影响人群的心理、精神健康，甚至达到缓解人群情绪的目的，同时也是最能够关注和照顾到各个群体的景观要素。

例如丹麦的费勒公园就是一个康复花园，触手可及的植物对残障人士的感官起到良好的外部刺激；日本奈良的室生艺术森林，运用水稻田为主的植物使参观者通过嗅觉和听觉沉浸在大自然的感官之中；意大利弗洛辛诺感官公园的主题源于独特植物的触感、花草的芳

① 舒夏竺，周建芬，黄竞中.植物在惠州民俗中的应用及其文化意义[J].惠州学院学报，2017，37(05)：5～10.

香和蔬果的味道来增强游人的视觉、听觉、触觉及味觉享受;苏州盲人植物园分为芳香类植物园区、叶型类植物区、枝干类植物区和果实类植物区这四大区域,激发使用者的感官效应。这些强调植物感官设计的景观作品,创造了科学有趣的感官设计景观。

1. 视觉感知

一般情况下,至少有 80% 以上的外界信息是通过视觉感知获得的,可以说视觉是人感受周围环境较为重要的感知来源。因此,在通用感官设计中,可以通过景观小品的设计变化、材质肌理的变化、植物种类的改变以及色彩运用的变化等方式刺激观赏者的视觉感知功能。

在视觉效应的产生过程中,观看者与对象之间要有一定的距离。日本的芦原义信在《外部空间设计》中提到,25m 作为外部空间的尺度基础。人们与景观对象相距 25m 左右,所面对的微观景观才能从城市背景中分离出来,对景观空间的第一感受是通过视觉进行感知,包括空间形态、色彩、质感。

2. 听觉感知

景观设计更加注重人的感官层次的感受,研究"人—声音—环境"之间的关系,与人接触更为密切的微绿地景观设计更是如此。

(1)隔音植物设计。在高密度城市当中持续不间断的车声、人声、机器声、碰撞声无处不在,可以利用植物景观设计手法削弱噪声。能起到隔音效果的树大多是间隙小、多叶、多孔和多枝的植物。通过构建植物屏障并分隔空间,植物在物理上能够起到削弱声音的作用,在心理上也能改善人的心情。具体有以下几种做法:

① 灌木类绿篱植物墙:选用 1.7 至 3m 之间,多枝叶、少间隙种植密度大的常绿不落叶灌木,通过排列方式以近距离的株行距密植构筑成隔音墙。常用的植物有:龙柏、金叶垂榕、黄金榕、假连翘、小叶黄杨、金叶、龙舌兰等。

② 爬藤类绿篱植物墙:爬藤类绿篱植物墙以爬藤类植物为主,构建廊架为载体,使植物在固定形状上攀爬,形成密集的植物墙。它的好处是不用过多地打理,形状多变,设计空间大,应用范围广,常用的植物有:三角梅、常春藤、铁线莲、紫藤、牵牛花、爬山虎、炮仗花、使君子、百香果等。

③ 组装类植物墙:这里的植物墙是建筑用墙为基础,多选用超强生命力的植物、耐寒抗旱的植物、浅根系、抗风类植物,常用植物有:绿萝、吊兰、鸭脚木、吊竹梅等。

(2)借声。《园冶》中的借景篇写道"极目所至,俗则屏之,嘉则收之",其中所展现的"巧于因借"大多指的是视觉上的因借。但声景观设计中,"借声"也是借景的一个重要手段。鸟叫声、风声、水声等自然声都作为一种景致。有学者把植物声景观植物分为基调树、标志树、信号树。在此处欣赏风声、水声、虫鸟啼鸣声,形成心理屏障,带来一种内心的宁静。

① 基调树作为微绿地景观设计的基础存在,一般以乔木为主,种类较少,数量较多,营造的是自然氛围。当风吹过,植物的叶片质地和形态的摩擦引起的"呼呼""哗哗""沙沙"的声音,营造一种自然悦耳的背景音;吸引了小鸟和昆虫,在不同的季节,具有不同的基调音。

② 标志树也是骨干树,具有场地特征,借助与外物的联系发出的声音,如通过下雨,与雨水拍打的声音、鸟类在果树觅食的声音等。例如小鸟天堂的古巨榕为鸟儿提供了栖身之处,创造出百鸟归巢的场景,周边的农田植物为鸟类提供了食物,成为显著的文化特征,也是小鸟天堂的标志声。

③ 信号树带有发出信号的功能,以自身发出声音奇特受人喜欢,在景观中一般使用孤植,如松树、柳树等。这部分植物类似植物景观规划中的孤赏树,以其发出的声音奇异特别而最受人喜欢。同一种树种可作为具有不同特点的信号树存在。松树的针叶往往小且生长较为密集,借风之声,能够营造"松风""松涛"等听觉景观,小片疏林草地点缀几棵小松树,形成舒缓轻柔的意境,而大片松林则给人汹涌澎湃的感觉(见图 4-13)。

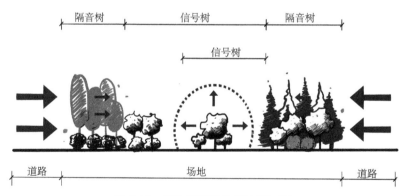

图 4-13　植物借声图示(郑玉怡 绘)

3. 触觉感知

在微绿地景观植物设计中,可以种植一些光滑、粗糙以及有毛感的植物,供观赏者通过触摸感受不同植物的质感变化。同时,触觉感知对视觉障碍者在游览景观的过程中起到相当重要的作用,特别是针对视觉障碍者在行走过程中所依靠的触觉感知来体验和引导景观空间。因此,触觉感知满足各种群体的需求的设计表达是对残障人士的关照。

4. 嗅觉感知

嗅觉作为人的原始感觉之一,是可以利用在人文景观上的一个很重要的手段。我国古代的传统园林就特别重视气味对人所起的作用。如苏州的拙政园有"远香堂",源自"雪香云蔚""香远益清",以欣赏梅花的幽香和荷花的清香,借助嗅觉和视觉途径传达给人们。

景观中的嗅觉感知的主要来源是以植物的芳香为主,如广玉兰、金桂、栀子花、丁香等都具有较为浓郁的香味,而一些花灌木则是具有淡淡的清香,如薰衣草、玫瑰、日本早樱等。通过对芳香空间景观的设计,能够净化空气、镇静、提神等,同时结合季节性的自然香气塑造微绿地景观整体形象的魅力。

5. 味觉感知

种植设计瓜果蔬菜以及具有药用价值的植物供人们欣赏与品尝,通过不同瓜果的口味能刺激味觉感知,并且通过种植药用植物,可以起到普及科普知识的同时对身体的健康也有一定的帮助和作用。常见的可食植物有薄荷、覆盆子、柠檬、百香果、杜果、罗勒等,在一些屋顶花园或宅前绿地,特别适合种植可食植物,营造具有浓浓的生活气息的花园。

以上介绍了5种感知植物景观的功能。结合设计研究其对景观环境的感知效应是一种强调交互性的景观探索。多感官的景观体验和互动性一定程度增加了微绿地景观的吸引力。只有打造出生态、平等及地方特色的景观,才能使微绿地景观真正地服务于大众,尤其是老年人、残障人士、儿童等人群,得到安全、平等和舒适的景观环境。这是微绿地景观设计更有价值和意义的贡献。

4.4 人群行为模式分析

亚历山大在《城市与树形》一书中强调:"有生命力的城市空间规划设计应当去探索城市空间环境与人类行为之间复杂而深层次的联系,而不是试图去清除它。"人群行为是指人群在微绿地景观空间中的行动方式,以及对环境与其他物体的反应。人是环境中的行为主体,对场地设计的研究离不开对人的行为的研究。我们需要有意识地从人群密度、空间尺度、空间边界和空间肌理等方面进行分析,探讨人与微绿地景观环境之间的关系。

微绿地的本质是为人们提供活动和休闲的场所,微绿地的活力主要取决于在其中的人群以及人群的活动。然而人群的实际情况是复杂多变的,当人群的行为不同时,人群的分布状态存在差异,此时对景观环境的影响也可能存在差异。应根据不同人群、不同年龄层次的使用者的需求，合理地设计不同的功能空间。研究人群行为是微绿地景观设计的重要因素，真正实现以人为本的设计理念。

4.4.1　人群密度

微绿地景观是高密度城市公共空间重要的组成部分，不仅优化了城市形态布局，改善了城市环境，还为居民提供了休闲场所和活动空间。探寻能够适应高密度城市微绿地的城市空间结构模式，为了充分发挥空间场地在使用密度上的作用，如何有利于容纳一定人群密度的微绿地景观空间，应合理有序地把握人群密度和空间设计的关系。人的到达率和使用率与微绿地景观有着直接的关系。

1. 人群密度的界定

人群密度是单位面积的人群数量，用其量化微绿地景观场地中的人群规模（见图 4-14），单位为人/m²。根据统计，城市广场的服务范围在 2.25km² 左右，在此范围内有利于广场在城市中的合理布置，在满足人均广场面积指标同时，能够更好地服务于市民[90]。微绿地景观的面积大小在 0.1～1hm² 之间，服务范围在 2km² 左右，为市民提供休息、体育锻炼和休闲娱乐的活动场所。

① 张军民,崔东旭,阎整.城市广场规划控制指标[J].城市问题,2003(5)：23～28.

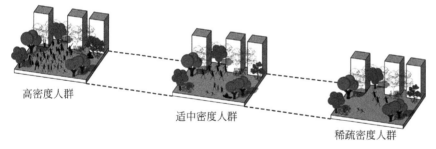

高密度人群　　适中密度人群　　稀疏密度人群

图 4-14　不同密度下的公共绿地空间（张瑞 绘）

2. 人群密度的安全模式分析

把握适中的人群密度，避免过于拥挤或者过于稀疏，及时地对微绿地景观场所的人群密度做出预估，以避免人群安全事故与各类安全隐患。所以设计要考虑人群密度对场地的荷载及疏散的影响，从人群规模、空间品质的角度来思考。人群密度预估是通过提取人群在空间中使用的活动内容进行分析参考。

（1）出入口应均衡布局。出入口是人们日常聚集的重要节点，为避免人群汇聚，各出入口应避免过度集中，以能及时疏散为要点。

（2）园路的优化。人流量高的到访率越高，主要的园路设计应与人流密度匹配，路面设计平整，最好降低高差变化的影响。可借助绿化疏散区对人群进行有效分流,例如草坪和林下空间可作为疏散空间。针对通道设计,主通道应有无障碍坡道设计,行人上下分流,预估人群的通过能力。特别要考虑一些热点的景观离交通要道有一定距离。主通道的设计应宽敞流畅,地面铺装材料防滑。

(3)合理空间划分。根据周边环境的分析,把握好微绿地使用者的兴趣点,对空间合理划分,尽量做到景观结构均匀分布,保持人流的均衡分布和使用舒适度,同时避免空间资源的浪费。优化空间形态,减少瓶颈空间和狭小死角。通过合理的空间组织形式,空间衔接方式及过渡空间形态设计,减少场地人流冲突,或通过设置相应的缓冲区避免主要人流方向场地尺度的骤缩。增加缓冲区的设计可以引导侧向人流,扩大节点空间通行量,甚至可以实现小型避灾区的功能。

(4)优化景观小品设计。例如照明灯具的底座位于草坪以下,防止绊倒发生。重视安全防护设计,合理规范人流组织扶手、围栏的设置将有利于加强人流组织、避免行人跌倒,降低场所人群聚集风险。

(5)注重地形高差设计。在人群聚集的公共空间设计中应尽量减少高差,但若因场地客观条件限制,不可避免需要出现高差的情况下,高差宽度首先必须满足在极端情况下的人群通行需求。另外,应尽量采用缓坡形式,避免陡坡的出现。除此之外,应该通过明显差异的铺地材质区分和警示踏步等高差处,并且控制其连续数量。

3. 人在空间使用中的密度

人群是微绿地空间的主体,了解人群密度特征,关系到人们使用场地的安全度、舒适度和价值偏好等主观感受。根据对人群密度的思考,以期建立更全面、完善的微绿地景观设计体系。不同类型微绿地的人群密度尽管存在差异,但调研统计发现具有一定的规律性,如图 4-15 所示。

这组人群使用微绿地的密度图是广州西堤公园的统计。从周一到周日的人群密度随时间变化情况可以发现,使用微绿地景观的人群密度整体上较为平均。使用微绿地一天中(6:00~21:00)在 18:00 或 20:00 时人群密度最大,达到一天中的峰值。休息日的人群密度相比平常日有略微差异,除了 9:00 以前人群密度较低,一天中的别的时间都表现出较高的人群密度。由此可以看出,微绿地景观在工作日有较高的使用率,周末的时候使用率更高,但差异性不是很明显。所以,城市中的微绿地无论在哪一天、那一个时段,都为人们提供了较为频繁的服务。

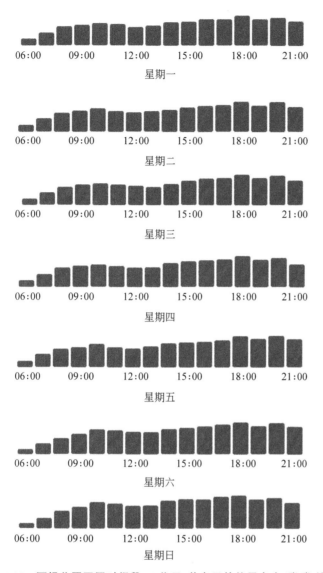

图 4-15　西堤公园不同时间段、工作日、休息日的使用密度（张瑞 绘）

4.4.2　人群状态

　　人群状态在一定程度上能直观的反映人的心理模式和行为习惯,包括能表现出处于一个环境下人们对当前空间的接受度和适应感,具体可分为人的心理状态和行为状态。心理状态是人们对空间的第一感受,心理状态也反作用于行为状态,并通过行为状态表现出来。简单来说,一个微绿地景观作品是否受欢迎,取决于人们对于景观空间的状态表现。

　　环境可以因人的意志而改变,反过来环境也能影响人的精神和心理。精神和心理的变动也会使人的行为发生变化。比如在微绿地景观中植物的选择、颜色与搭配、景观的设置位置、景观与建筑物的协调性,都有可能成为影响人群状态的因素。根据对微绿地主体使用人群的观察和统计,一般的活动人群分为两大类。第一类人群年龄层次混杂,活动群体规模大,人员流动性也较大,这一类人群属于途经。第二类平均年龄较大,一般为老年人,光顾时间和强度都可自由控制,以散步、自主健身等活动为主。无论哪种人群,来公园的方式基本为步行,大部分居住于距公园步行时间少于15min的附近小区内。

1. 人文环境的影响

微绿地景观按照人的行为习惯和需求方式,对空间进行功能的组织,满足人的行为功能需求和精神文化需求,呈现出良好的人群使用状态。

微绿地景观具备物质功能、精神功能和审美需求功能。在满足这3点的同时,有着各自的侧重点。譬如一些观赏型的微绿地景观,侧重于其审美功能。而居住区附近的微绿地景观、街头公园等偏重于使用功能。还有一些以宣传历史文化的景观,则偏重于其精神功能。

2. 人的日常行为影响

合理组织交往空间,设计良好的景观环境,有助于进一步加强人们的社会交往,通过引导和指示标注人群行为。人与环境互为作用,紧密结合,美好的环境可以调节人的情感与行为;幽雅、充满生机的环境使人愉悦、欣慰、满足;充满生机、合理的空间尺度、完善的设施的环境让人更加贴近生活、缩短心理距离。人们的活动遍布于我们的生活环境,由于人们生活的日益多样化和信息情报迅速快捷,同时随着建筑环境类型的差异,景观的空间形态、空间特征以及功能要求也在随时发生变化。

研究人与环境的关系,必须了解人的行为规律,以及怎样的景观环境能满足人类的需求。一个景观环境设计的舒适与否,关系到自我活动和社交活动,而自我性与社交性恰恰是"以人为本"的深度要求。以人为本的设计理念就是要让景观设计符合人的生理、心理需要,努力为全社会创造一个方便、良好的景观环境。

3. 人的交流

生活在高密度城市,交流、运动、休息等活动渴望接触绿色,需要庇护和荫凉,需要瞭望,看与被看;人需要领地,需要适当尺度的空间;需要安全,同时人需要挑战;需要被人关注,同时喜欢关注别人等。人们需要沟通,人与人、人与自然之间需要沟通。在城市中设置绿化景观、水景等景观构造,给生活于城市中的人们提供回归自然的场所,让生活在喧闹城市中的人们亲近自然、走进自然;设置科普等教育景观,满足城市与居民的沟通需求,设置合理的景观环境,满足人们多元化的生活需求(见图 4-16)。

图 4-16　多元化的休闲需求(张瑞 绘)

在城市景观中,不熟悉的人之间也会因为某种景观或者某种现象产生情感上的共鸣而发生交流。所以高品质的景观能够激发人们内心的情感,彼此间有了共同的感知,给人们提供了交流的话题,从而拉近了人与人之间的距离。

4.4.3　活动内容

扬·盖尔将户外活动分为三种:必要性活动、自发性活动和社会性活动。这些活动内容对微绿地景观空间的需求,以及这些空间对各种活动行为的影响力度不同。

1. 三种活动内容

(1)必要性活动包括上班、购物、上学等一般性活动,这些活动很少受到物质环境的影响,但反过来,物质环境对人们的必要性活动却有较大影响。在日常生活中,市民理想的活动场地是与居住地临近的公园绿地,调研证明,在人流量大的地方,即使公共空间设计的不理想,也仍然有许多人驻足停留。这足以说明微绿地景观空间的吸引力。

(2)自发性活动是人们具有参与的意愿,比如晨练、散步、发呆、观望、驻足等活动,这些是人们必要性活动的补充,这些活动和微绿地景观环境关系紧密。如果环境质量不理想,会影响人们的出行意愿,甚至不会发生这些活动。而当环境质量适宜,会大大增强人们的体验感。

(3)社会性活动主要是指与他人共同参与的活动,如交友、约会、儿童游戏、聊天等活动。社会性活动并不是单独发生和存在的,很多时候伴随着必要性活动和自发性活动而产生,是一种综合性的社会活动,是城市微绿地景观活力的象征。

2. 人的活动内容与微绿地景观设计的关系

微绿地景观设计为人们不同的活动内容提供了各种空间场所,

产生出多样化的生活(见图4-17)。微绿地景观空间的质量与人们的活动需求有着紧密的联系。研究证明,当人们面对大而无当的空间,更有意愿待在尺度宜人、较少车辆通过的更安全的空间。高密度城市空间的紧凑性和多样化为人们提供了户外活动的可能性和多样的选择。因此,微绿地景观应发挥公共空间的多重作用,为人们的社会性活动提供高质量的空间。

图4-17　人的活动内容

　　微绿地景观设计首先要缓解城市空间压力,实现空间环境的再创造。例如人群活动区域的儿童娱乐区,为了方便家长照顾小孩,应当在儿童区域附近阴凉处建立休息设施,如凉亭和休息坐凳,且不能够遮挡视线,使家长能够照看小孩玩耍。老年人在休闲娱乐中更加习惯文艺活动,喜欢安静祥和的氛围。因此在进行老年活动区域的设计时,首先需要选择开阔、安静的区域环境,避免老年活动区域受到影响。此外,如果空间允许,设置丰富的休闲文化娱乐,比如茶室、棋牌室、书画展览室等,为老年人提供具有人文气氛的娱乐活动。一般来讲,微绿地都要提供座椅等方便休息。

　　空间激发了人的活动,人们运动、聊天或独自就坐与环境的设施有直接的关系。城市中的开放型空间是人们重要的户外活动场所,能够为人们提供休息、交流、玩耍、观赏等多种服务功能。

4.4.4　逗留时间

　　人们逗留时间长短对微绿地景观的吸引力起到关键性作用,研究逗留时间及其影响因素,有助于增强微绿地空间的使用率和合理性,从而达到空间使用效益的最大化。

　　设计怎样的微绿地景观,可以满足真正的居民需求,关系到人的主观因素和客观因素。景观类型、公共设施的质量、自然环境及文化的吸引力等这些因素反映了人在场地的停留时间长度。

　　(1)主观因素是指使用者自身的原因影响逗留时间的长短,涉及使用者健康因素、精神和意识。人的良好的健康状态是一切户外活动的基础。在调研中发现,使用微绿地景观的居民健康状况良好,大多是居住在服务半径1km左右的市民,步行可到达的人群。

（2）客观因素也会影响人的逗留时间。比如天气情况,特别是在晴好的天气,风力不大,即使是在冷天,人们也可以使用户外空间。工作日,人的逗留时间较少,周末日均人流量大,且逗留时间较长。

（3）不同类型的微绿地景观适用人群也不尽相同。如居住区环境下的微绿地景观主要的使用者是老年人和儿童,而商业区的微绿地景观使用者大多是中青年人,他们就餐、散步、洽谈、休闲等。

影响儿童逗留时间的在于激发他们的活动欲望和引起兴趣的东西,需要较为开阔的场地,可以是硬质的,也可以是草地或沙坑等一些具有想象力的元素,同时适当远离交通地段,以免存在潜在的危险。儿童的安全感知能力较弱,预料不到危险的发生,活动时不会注意周围的环境。另外,不能忽略陪伴的家长休闲空间的设计,通常家长们站在空地的一侧,互相交谈,座椅或长廊的设计比较实际。对于中青年人,会更强调环境的品质。他们的特征是逗留时间比较短,多为交谈或观看的静态活动。他们会选择一个轻松愉悦的氛围和舒适宜人的活动空间,舒缓平日里紧张的生活状态。为此,可以通过优良的视觉景观来缓解他们的生活、工作压力。老年人的逗留时间相对较长,光顾频率更高,且活动类型较为多样化,可以是运动健身的动态活动,也可以是与人交流聊天等静态活动。桌椅的排列适于交流,相对而坐比起并排就坐更能引发各种活动,促进交流和聚集人气。对微绿地景观活动场地的设计应开敞和通透,避免封闭和隔离。这时中年人的事业不会那么繁忙,人际关系也很稳定,他们开始关注自己的身体状况,会利用大量的闲余时间进行健身活动,例如散步、跑步、打球等。

逗留的时间与微绿地景观空间的吸引力和可使用性紧密相关。应满足不同目的需求的逗留人群,广泛地适应不同目的的活动人群需求,私密性与公共空间在数量上达到平衡。并且做到对场地有全面的调查和研究,将更有助于设计师创造出功能良好的宜人空间。

如果一个场地舒适宜人,那么人们就会在这里活动和停留,并发生许多即兴的活动,如演奏、嬉戏、跳舞等,这就说明这个场地为人们创造了潜力,活动内容日益增多。尤其是老年人,他们需要通过健身项目增强身体的活跃性,这也会为那些途经的行人提高趣味性。微绿地景观中还有很重要的一个方面就是人们对城市特殊的"观看"角度。特别是当人们坐下来时,会持续进行一种非常普遍的活动,就是看人或看景,如观看喷泉、树、花卉、艺术小品或有意思的构筑物等。

第5章 剖析微绿地景观设计

多数的设计作品或理论研究仅关注植物设计、场地功能、设计审美或生态效益其中一方面的效果,对多方面因素综合考虑的较少,特别是对较小尺度的微绿地景观这个视角下的设计较为忽略。微绿地景观与城市居民生活息息相关,高密度城市里的土地资源非常宝贵,有必要进行多方面、多层次和多角度的探讨研究。本章从场地、个体、环境生态因素综合分析并提出微绿地景观的设计建议,以期获得科学的设计方法来指导微绿地景观设计。

5.1 街头微绿地景观

街头绿地空间是相对街道而言,相当于街道上的某一个点。这些点状的绿地空间具有一定的开放性和公共性,与生活区或商业服务区联系密切,是供人们小型聚集、休闲游憩的空间,区别于较大尺度的城市综合性公园。街头绿地的规模与面积变化幅度较大,有的小到 $100m^2$,有的大到 $1hm^2$。这表明街头绿地的面积规模没有强制性的约束,变化多样,因地制宜[91]。无论面积规模如何变化,其场地的景观形象、人的使用和绿地生态效应这三个要素缺一不可。

影响街头绿地使用的几个重要因素是:分布广、可达性强、功能明确和充足的数量[92~93]。街头绿地能够弥补高密度城市绿地不足,均衡区域绿地生态格局。以往的城市公共绿地空间,对景观形象十分重视,而对真正使用者的行为活动则考虑较少。有的场地上设有硬地,但对其中使用者的活动却少有策划。大面积的草坪仅仅为了满足视觉观赏而不考虑人在其中的活动。而公共空间的魅力和灵魂在于拥有广泛的社会活动。探讨人们在街头绿地的各类聚集活动、对空间的感知偏好和公共性要求,成为高密度城市微绿地空间研究

① 刘滨谊,鲍鲁泉,裘江.城市街头绿地的新发展及规划设计对策——以安庆市纱帽公园规划设计为例[J].规划师,2001,(1):76~79.
② 宋正娜,陈雯,张桂香,张蕾.公共服务设施空间可达性及其度量方法[J].地理科学进展,2010,29(10):1217~1224.
③ 顾鸣东,尹海伟.公共设施空间可达性与公平性研究概述[J].城市问题,2010(5):25~29.

的重要课题。生态学理论的引入,使人们认识到城市绿地空间的重要意义不仅是美化城市和游憩的场所,而是深入到生态系统各要素之间的平衡问题,关系到城市的可持续发展。环境生态问题确实给人们的生活——例如机遇、生活质量以及身心健康等方面带来重要影响。由于市区内独立的街头绿地不大且易被蚕食,所以城市可持续发展的重要途径之一是通过保护绿地、增加绿化面积和提高绿化水平来缓解和改善城市生态环境。美国许多城市已通过建立绿网、绿带和绿色计划来保护公共空间,重建人与自然的关系。

　　根据调研发现,街头绿地特点为:分布广但不均衡、形状各异、依附性强、微小、分散和斑块化;以休闲娱乐为主,老年人是街头绿地第一大使用人群;从空间格局分,有半开敞和开敞;从功能分,有康体健身、休憩型和观赏为主。本章节通过在广州城市中心区天河北实地调研,选取规模在 $1km^2$ 以内的 5 个相邻的街头绿地进行研究。这一筛选结果中包括了商业区、居住区、商住综合区、边界过渡空间 4 类街头绿地。结合各地块绿地分类性质以及功能、绿化配置的多样性,用腾讯城市热力图数据平台基于位置的实时及每周该场地的人群密度进行统计(见图 5-1),最终选取 5 个具有一定代表性、位于居住区的街头绿地作为研究对象。所选研究地使用率高,可达性强,5 个街头绿地之间步行 5min 便可达到。关于街头绿地的研究有 3 个方向,分别是:场地(面积、绿化、环境空间特征)、居民使用空间的情况(5 个维度的感知偏好)和场地的生态效应测定。提出相关的适合气候、功能及居民偏好的街头绿地空间的设计建议。为提高高密度城市街头绿地空间的生态效应,拓展街头绿地模式,创造具有吸引力的公共空间和多样化的街头绿地提供理论依据。

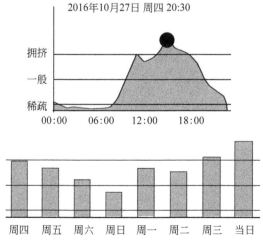

图 5-1　天河北街头绿地人群密度分布

5.1.1 研究地的环境与现状

1.研究地的环境概况

研究对象地处东经 113°34′,北纬 23°15′,位于广州市天河区天河北,是住宅较为集中的区域,人口密度较高。该区域散布着众多的街头绿地,承担着居民和游客公共活动以及日常生活的集散空间。由于广州没有明显的冬天,四季、日温差变化较小的气候条件,使得人们的户外活动非常频繁。街头绿地通常出现在小区组团与组团之间,或者某个小区的外围,成为连接下一个居住区的过渡和边界空间,与道路和建筑的连接性非常好。该区域的街头绿地空间中的植物几乎不需要特别的维护和管理,因为雨水充足,光照条件好,植物长势良好。调研发现,尽管街头绿地空间有限,功能简单,但却是居民日常生活必不可少的户外活动空间之一。

2.研究地构建现状

所选外部环境相似、内部绿化结构不同的 5 个街头绿地作为样地研究(见图 5-2)。

图 5-2 天河北街头绿地场地分布

5 个街头绿地分别是:乔—灌—草型、乔—草型、乔木型、灌—草型和硬质铺装型。其中灌—草型为完全开敞式,乔—灌—草型街头绿地为两面开敞式,其他 3 个街头绿地为三面开敞式;2 个街头绿地空间内部设置了可就坐的石桌石凳,为休憩型,1 个以运动器械健身型为主,2 个以散步型为主;各街头绿地在功能、空间形态和规模上各有不同,保证了样地涵盖不同特征的街头绿地。样地概况如表 5-1 和表 5-2 所示。

表 5-1　所选样地基本资料

场地类型		场地平面布局
编号	1-1	
位置	康寿阁街头绿地	
功能	休憩为主	
面积（m²）	1 054	
植物配置	乔—灌—草型	
编号	1-2	
位置	康泰阁西街头绿地	
功能	散步为主	
面积（m²）	966	
植物配置	乔—草型	
编号	1-3	
位置	林和街健身花园	
功能	康体为主	
面积（m²）	850	
植物配置	乔木型	
编号	1-4	
位置	侨怡苑街头绿地	
功能	散步为主	
面积（m²）	1 132	
植物配置	灌—草型	
编号	1-5	
位置	康泰阁南街头绿地	
功能	休憩为主	
面积（m²）	702	
	硬质铺装	

表 5-2　5 个街头绿地基本资料

编号	绿地结构	植物组成	植物群落构成特点	郁闭度（%）
1-1	乔—灌—草复层	大叶杜英 *Elaeocarpus balansae*	高 15m，冠幅 3m，点植	40～50
		大王椰 *Roystonea regia*	高 15m，冠幅 3m，点植	10～15
		散尾葵 *Chrysalidocarpus lutescens*	高 3.5m，冠幅 3m，群植	5～10
		美丽针葵 *Phoenix roebelenii*	高 3m，冠幅 2m，点植	2～5
		桂花 *Osmanthus fragrans*	高 2m，冠幅 1.5m，点植	2～5
		朱缨 *Calliandra haematocephala*	高 1.3m，冠幅 1.5m，群植	2～5
		洒金榕 *Codiaeum variegatum var. pictum*	高 1.2m，冠幅 1m，点植	2～5
		九里香 *Murraya exotica*	高 0.9m，冠幅 0.5m，列植	—
		大花芦莉 *Ruellia elegans*	高 0.4m，冠幅 0.3m，列植	—
		沿阶草 *Ophiopogon bodinieri*	—	—
1-2	乔—草复层	非洲桃花心木 *Khaya senegalensis*	高 25m，冠幅 5m，点植	10～15
		尖叶杜英 *Elaeocarpus apiculatus*	高 15m，冠幅 3m，列植	10～15
		杧果 *Mangifera indica*	高 20m，冠幅 2.5m，列植	20～30
		橡胶榕 *Ficus elastica*	高 18m，冠幅 7m，点植	10～15
		猴子杉 *Araucaria cunninghamii*	高 15m，冠幅 25m，点植	5～10
		垂叶榕 *Ficus benjamina*	高 9m，冠幅 2m，点植	2～5
		散尾葵 *Chrysalidocarpus lutescens*	高 3.5m，冠幅 3m，群植	2～5
		沿阶草 *Ophiopogon bodinieri*	高 4m，冠幅 3m，片植	—
1-3	灌—草复层	国王椰子 *Ravenea rivularis*	高 3m，冠幅 2m，点植	15～20
		鱼骨葵 *Arenga tremula*	高 3m，冠幅 3.5m，点植	10～15
		灰莉 *Fagraea ceilanica*	高 3m，冠幅 2m，点植	2～5
		美丽针葵 *Phoenix roebelenii*	高 1.3m，冠幅 1.5m，点植	2～5
		黄金榕 *Ficus elastica*	高 1.5m，冠幅 1m，列植	—
		红绒球 *Calliandra haematocephala*	高 2m，冠幅 3m，点植	2～5
		细叶结缕草（台湾草）*Zoysia tenuifolia*	—	—
1-4	乔	橡胶榕 *Ficus elastic*	高 15m，冠幅 20m，点植	50～60
		大王椰 *Roystonea regia*	高 15m，冠幅 3m，点植	5～10
		木棉花 *Bombaxceiba*	高 15m，冠幅 5m，点植	2～5
		羊蹄甲 *Bauhinia purpurea*	高 10m，冠幅 5m，点植	2～5
		猴子杉 *Araucaria cunninghamii*	高 9m，冠幅 2m，点植	5
		鱼尾葵 *Caryota ochlandra*	高 3m，冠幅 2m，群植	5
1-5	硬质地	—	—	—

5.1.2　材料与方法

1. 街头绿地空间感知偏好研究

在选好的 5 个街头绿地中,于 2016 年 11 月,每周选取 2 个工作日和 1 个休息日各进行 6 次 30min 的记录,即做结构化观察预调查笔记,在每个街头绿地中心选择一个视野最佳观察点,记录绿地的环境特征以及人们的各种活动情况,连续四周,从 8:00 到 18:00,每 2 个小时直接观测一次。根据观测笔记,设计了 5 个维度的调研问卷。在 2016 年 12 月 15 日、16 日、17 日进行问卷调研。平均向在 5 个街头绿地的不同年龄、性别的人们发放 72 份问卷,问卷包括受访者的基本信息与场地 5 个维度的调查,维度的内容以其相关变量:审美、物理、生态知识、社会和个人(见图 5-3)作为评价方式,与受访者进行面对面的问卷发放与回收,共 360 份问卷。运用李克特(Likert scale)量表测量多维度的概念或态度,用均值和标准差统计受访者的平均赞成程度和离散程度。问卷中的问题能够代表街头绿地环境下的空间感知特征。在这个模型中,均值越高,代表的感知程度越高;标准差越小,代表受访者之间的认同差距越小。

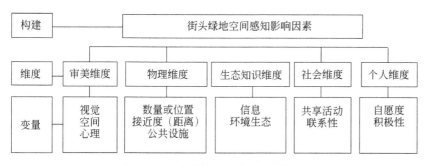

图 5-3　街头绿地空间感知综合模型

2. 街头绿地的生态效应研究

在具体的实验中,考虑数据的代表性和连续性,我们在实验观测点的选取采用了 5 点观测法,即在每个样地内部以其几何中心点作为第一测定点,然后沿着该点的对角线向四周等距离(5m)设定另外 4 个观测点,共 5 个点,将各测试地所测 5 个数据加以平均,得到每个测试地的数值。观测的高度均为距离地面 1.5m 处,这个高度可以很好地代表人类活动范围的微气候状况。

测定时间选在与生活影响较大的白天进行。于 2017 年的 1 月晴好无风的天气连续测量 3d(21 日、22 日、23 日),8:00 到 18:00 进行测定,每 2h 测定一次,每次气温、相对湿度、光照度和空气负离子浓度都是进行同步测定,得到冬季 5 个样地的温湿度、光照度及空气负离子浓度的测试值并加以比较与分析。

5.1.3 实验数据的采集

1. 空间感知实验数据采集

利用观测和问卷调研收集到的数据,将调查结果输入计算机,进行分类、统计和汇总,研究分析和比较了 5 个维度下受访者对每个维度下的空间感知程度。

2. 光热环境及空气负离子含量实验数据采集

采用东莞万创电子仪器生产的 AS847 一体式温湿度计采集建筑外墙温度和相对湿度。技术参数为:温度测量范围:$-10℃\sim50℃$;K-TYPE:$-20℃\sim1\,000℃$;湿度测量范围:$10\%\sim95\%$。

光照强度采用台湾泰仕 TES-1339 照度计测得。技术参数:分辨率为 0.01Lx,测量范围为 999.9 位。

采用日本生产的 KEC-900＋空气负离子检测仪采集垂直绿化及裸墙的空气负离子含量,技术参数为:测定范围是 $10ions/cm^3\sim1\,999\,000ions/cm^3$,精度为 $\pm20\%$,分辨率为 10ions,使用环境为 $5℃\sim45℃$,95% RH(无凝结)。

5.1.4 结果与分析

1. 居民使用街头绿地空间的分析

受访者特征:在 5 个不同的街头绿地,相似的天气情况下,对 360 个不同年龄层(青少年占 7%,成年人 28%,老年人占 65%)的受访者做了面对面的访问与记录。绿地的主要使用者是老年人,青少年由于上学原因使用绿地较少。受访者中男性占 47%,女 53%,该结果基本符合男女比例结果;79% 的受访者居住在附近,说明街头绿地的主要服务对象是住在附近的居民,在一周里,除了周六、日较少光临,其他时间使用较多。16:00 左右是街头绿地使用最多的时段。其中小坐(27%)、观看与聆听(22%)、散步(29%)、运动(16%)、缓解压力(6%)是受访者选择使用街头绿地的理由。在职业、收入和教育程度占比例较大的是:47% 的游客处于就业状态,52% 的游客收入在 ¥3 000 以上,23% 的游客是大学本科或以上教育程度。

1) 从美学维度评估街头绿地空间的感知偏好

通过 360 份问卷的统计结果显示,在美学维度下(见表 5-3)以绿色为主的街头绿地(M=4.02,SD=0.827)是受访者最强的感知需求,其次是"四季都开花的街头绿地最具美感"(M=3.98,SD=0.814)。排在第三、第四的感知偏好是"以大树为主的街头绿地最具美感"(M=3.43,SD=0.999)和"开敞的街头绿地最具美感"(M=3.61,SD=0.985)。对"以硬质铺装为主的街头绿地最具美感"的同意度较低(M=3.01,SD=1.341)。根据统计量的差异可以看出受访者在使用街头绿地的审美维度侧重点和主导因素。这个维度从绿化类型、场地形态和空间效果三个方向对受访者的感知进行判断。植物的色彩、场地的形态与空间效果关系到人们的视觉感受,是人们判断美的最直观的要素。研究表明,植物的绿色成分对市民的心理康复有重要作用。对空间审美感知的了解,有利于帮助评判和取舍环境的可供性,从而在建设项目时布置于最能实现其价值的位置。

表 5-3　美 学 维 度

维度	构建	变量					统计量	
		非常同意	同意	不一定	不同意	非常不同意	均值(M)	标准差(SD)
审美维度	四季都开花的街头绿地最具美感	85	181	63	21	10	3.98	0.814
	以绿色为主的街头绿地最具美感	110	162	77	9	2	4.02	0.827
	以大树为主的街头绿地最具美感	46	143	98	65	8	3.43	0.999
	平面、立面有变化的街头绿地最具美感	57	98	153	35	17	3.40	1.018
	点缀一些艺术品的街头绿地最具美感	48	86	129	62	35	3.14	1.148
	以硬质铺装为主的街头绿地最具美感	61	79	83	75	62	3.01	1.341
	开敞的街头绿地最具美感	80	102	147	21	10	3.61	0.985

2) 从物理维度评估街头绿地空间的感知偏好

如表 5-4 所示,物理维度对于感知是一个重要的衡量因素,受访者普遍认为"街头绿地离我住的地方很近"(M=4.18,SD=0.899),这与 79% 的受访者住在附近相符合。在其"生活的附近有充足的街头绿地"(M=3.80,SD=0.929)。前期预调研发现,天河北侨怡苑居住区几乎每个组团都有一个共享街头绿地。受访者生活的社区的"街头绿地能满足日常休闲活动"(M=3.71,SD=0.991),空间虽然有限,但几个场地基本上能够满足人们的诸如亲子游戏、聊天等娱乐型活动或运动型活动。受访者对"街头绿地有坐凳、指示牌、垃圾箱和夜间灯"同意度不高(M=2.96,SD=1.152),说明街头绿地中的公共设施不足。有时候,住在高层建筑里的人们只是想在街头绿地中小坐一会儿,看一看过往的行人。因此,即使以绿化为主的场地也应提供坐凳方便人们暂时的小坐需求,否则很难找地方停下来,空间便限制了逗留时间。空间中的静态活动是一个重要的行为特征,即停留,与场地的设施、吸引力有着极大的关系。夜间灯的增设可以提高夜间场地使用率,为工作一天的居民提供晚间散步休闲的条件。这不仅意味着在公共空间可能产生更多的户外活动,也是为了以较简单的方式改善街头绿地环境的质量。以上几点可作为街头绿地空间设计的重要因素。

表 5-4　物 理 维 度

维度	构建	变量					统计量	
		非常同意	同意	不一定	不同意	非常不同意	均值(M)	标准差(SD)
物理维度	在我生活的附近有充足的街头绿地	69	195	63	21	12	3.80	0.929
	我生活的社区的街头绿地能满足日常休闲活动	71	169	74	35	11	3.71	0.991
	街头绿地离我住的地方很近	143	168	26	15	8	4.18	0.899
	容易到达、充足的散步道、许多入口、不拥挤	52	172	76	49	11	3.57	1.002
	街头绿地有坐凳、指示牌、垃圾箱和夜间灯	35	85	119	76	45	2.96	1.152

3) 从生态知识维度评估街头绿地的感知偏好

表 5-5 显示,受访者对"能调节和改善城市气候(例如缓解热岛效应、降温增湿、净化空气等)"的认同度最高(M=4.03,SD=0.957),表明了受访者通过实际环境体验了解并能感知街头绿地环境质量。"能涵养水源(例如吸收雨水,减少径流)"(M=3.88,SD=0.745)、"街头绿地能形成小型的生态环境(例如保护生物多样性、增加负离子等)"(M=3.65,SD=0.933)两个因素的同意度也较高。说明街头绿地生态价值被感知认可。另外,广州降雨丰富,有植物的环境不仅收集了雨水,也带来清洁的空气质量。如果生态环境质量较好,会对户

表 5-5　生态知识维度

维度	构建	变量					统计量	
		非常同意	同意	不一定	不同意	非常不同意	均值（M）	标准差（SD）
生态知识维度	街头绿地是城市绿地系统的一部分	42	135	98	57	28	3.29	1.108
	能调节和改善城市气候（例如缓解热岛效应、降温增湿、净化空气等）	129	146	55	25	5	4.03	0.957
	街头绿地能形成小型的生态环境（例如保护生物多样性、增加负离子等）	67	144	107	39	3	3.65	0.933
	能涵养水源（例如吸收雨水，减少径流）	69	195	84	12	0	3.88	0.745

外活动产生积极的作用。这一意识的确定,说明受访者对场地具有多重感知,为街头绿地空间在生态环境方面的设计提供了支持。在此基础上,规划设计应该筛选出适合场地气候条件、具有净化空气作用、吸收雨水较强的绿化植物。随着植物的生长,生态价值将不断增加。

4) 从社会维度评估街头绿地空间的感知偏好

社会维度下的统计显示(见表 5-6),对街头绿地认同度最高的是"社区邻里重要的娱乐休闲场地"(M=4.16,SD=0.836),其次是"街头绿地将周围的环境紧密联系"(M=3.74,SD=0.917)、"在这个花园里大部分都是附近的居民,很亲切和熟悉"(M=3.57,SD=1.013)。与邻里的互动和交谈对户外街头绿地空间质量有极大的影响,逗留时间越长越有机会。交往的形式是多种多样的,交谈的地点不重要,主要取决于户外随意逗留的条件[94]。一个从物质、心理和社会诸多方面考虑的街头绿地最大限度地创造了条件,这个维度才可能更好地被感知。街头绿地创造了一种轻松自然的方式为居民的相互交流创造了机会,缓解城市生活压力。

5) 从个人维度评估街头绿地空间的感知偏好

如表 5-7 所示,在个人维度下,最重要的三个感知程度依次为"我支持城市里多设置一些街头绿地"(M=4.40,SD=0.656)、"街头绿地能使我身心健康"(M=4.01,SD=0.722)、"我能经常使用街头绿地"(M=3.84,SD=0.945)。由于 5 个街头绿地在格局和空间上的多样和互补,附近的居民显然有意愿参与其中。个人自发性的活动,只有在适宜的街头绿地才可能发生,有赖于外部环境的物质条件。这几点关于个人感知偏好的研究表明了人们对场所的依赖性,了解了人们对场地的使用频率并感知良好。同时也说明人们对街头绿地及

① 扬·盖尔,何人可译.交往与空间[M].北京:建筑工业出版社,2002:134.

127

表 5-6　社 会 维 度

维度	构建	变量					统计量	
		非常同意	同意	不一定	不同意	非常不同意	均值（M）	标准差（SD）
社会维度	在街头绿地活动时我感到很安全	65	123	102	42	28	3.43	1.145
	是社区邻里重要的娱乐休闲场地	146	138	65	10	1	4.16	0.836
	街头绿地将周围的环境紧密联系	72	159	97	26	6	3.74	0.917
	无家可归或者流浪的人常常在街头绿地	32	48	258	17	5	3.23	0.736
	在这个花园里大部分都是附近的居民，很亲切和熟悉	69	119	141	11	20	3.57	1.013

户外活动潜在的需求。通过评估受访者个人的感知需求，逐渐把受忽视的人的需求激发出来，以上的感知统计能够明确并验证了个人维度的重要性。城市中街头绿地的发展经过了较长时间的进程，在发展的过程中，管理者应有意识地创造一些条件使空间结合居民当下的生活方式，并考虑大部分人的需求偏好，帮助研究者和环境规划设计者做出有据可依的更佳决策。

表 5-7　个 人 维 度

维度	构建	变量					统计量	
		非常同意	同意	不一定	不同意	非常不同意	均值（M）	标准差（SD）
个人维度	我能经常使用街头绿地	90	179	49	38	4	3.84	0.945
	我支持城市里多设置一些街头绿地	176	154	28	2	0	4.40	0.656
	去街头绿地是我生活中非常重要的一部分	78	145	120	15	2	3.78	0.850
	街头绿地能使我身心健康	86	203	61	10	0	4.01	0.722
	我愿意和家人到街头绿地休闲、看手机、交谈或休息片刻	59	166	110	23	2	3.71	0.834

2. 街头绿地空间的生态效应分析

1）不同内部构成的街头绿地温度的影响

如图 5-4 所示，5 个街头绿地的总体温度变化趋势与环境温度的变化趋势相似。在有植物的 4 个绿地中，灌—草构成的侨怡苑街头绿地所表现出来的日温差变化最明显，随着时间的推移，温度逐渐升高，在早晨 8：00～12：00 温度从 12℃ 升至 18.1℃，在高温时段的

14:00 达到 19.4℃,主要是因为灌—草构成的街头绿地空间开敞,遮挡少,有利于水分蒸发,在高温时最高,在低温时较低,对外界环境的变化缓解能力较弱。乔—灌—草、乔—草及乔木型的街头绿地温度变化较为缓和,这是因为三个场地中都有乔木,遮阴以及强大的蒸腾作用使绿地环境中的温度在高温时比灌—草型低,又由于乔木树冠形成的保护层,对外界的环境变化有一定的缓解能力,绿地内环境相对稳定[95]。硬质铺装型的空间无树木遮挡,接受光照多,气温上升较快。在 8:00 时温度为 11.5℃,到 12:00 达到了 18.9℃,晚上由于地面失热速度比有绿化的街头绿地快,所以温度降到 16.2℃,在 5 个场地中温度最低。以高温时段的 14:00 为例进行比较,5 种类型街头绿地温度呈现硬质铺装→灌—草→乔—草→乔→乔—灌—草的趋势。5 种空间构成中,硬质铺装构成的街头绿地温度在早晚最低,一天中的温差变化最显著,调节小气候的作用最弱。

① 刘娇妹,李树华,吴菲,刘剑,张志国.纯林、混交林型园林绿地的生态效益[J].生态学报,2007,27(2):674~684.

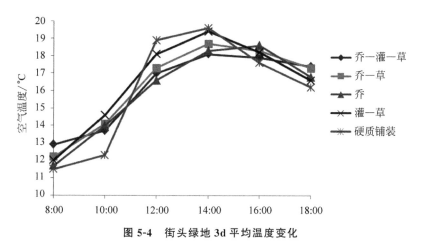

图 5-4　街头绿地 3d 平均温度变化

　　如表 5-8 所示,5 个不同内部构成的街头绿地,由硬质铺装构成的空间最高温度比其他 4 个有绿化的空间高,且其最低温度也比其他 4 个场地低。从日温差变化来看,最明显的是硬质铺装的空间,达到 8.1℃,其次是灌—草构成的空间,达到 7.4℃。最小温差是乔—灌—草构成的空间,为 5.2℃。说明乔—灌—草构成的绿地空间在温度的调节方面比较稳定,而硬质铺装和灌—草对温度的调节能力则较弱。从相对值来看,温度变化幅度不大。4 个有植物的场地最高温度均略低于硬质铺装场地,最低温度相对值均高于硬质铺装。其中有 2 个场地(乔—灌—草、乔—草)的最低温度相对值与硬质构成的空间差别较大。说明在冬季,乔—灌—草和乔—草的街头绿地具有保温功能,乔木的气候调节效应优于灌木和草坪。因此,将草木层、灌木层和乔木层组成生态系统,进行复层结构配置,温度的调节将会达到最优。图 5-4 比较分析,在 12:00~14:00 时段各街头绿地温度差异性较明显,尤其是乔—灌—草、乔—草型与硬质铺装型空间相比具有显著性差异。其他时间段各空间平均温度无显著性差异。以上分析得知,尽管各绿地空间降温效应不明显,但有绿化的街头绿地温度的调节效应依然存在。因此,在街头绿地增加植物配置,对维持街头绿地一天中的空气温度的稳定性有重要作用。从城市较大范围来讲,由于多个街头绿地的影响,整体提升城市环境的生态效应则更为显著。

表 5-8　街头绿地 3d 平均最高、最低温度对比

编号	观测位置	最高温度		最低温度	
		观测值(℃)	相对值[①]	观测值(℃)	相对值
1-5	硬质铺装	19.6	100%	11.5	100%
1-1	乔—灌—草	18.1	92%	12.9	112%
1-2	乔—草	18.7	95%	12.2	106%
1-3	乔	18.6	95%	11.7	102%
1-4	灌—草	19.4	99%	12.0	104%

注：①以 1-5 硬质铺装观测值为基准计。

2) 不同内部构成的街头绿地相对湿度的影响

5 个不同内部构成的街头绿地在不同时间段的相对湿度变化趋势如图 5-5 所示。各测点的相对湿度总体上与空气温度日变化相反,湿度随温度的升高而降低。在 18:00 时,湿度达到最大值;在 12:00 时,湿度达到最低值。在 8:00 至 18:00 这个时段内,以硬质铺装为主的康泰阁南场地湿度明显低于其他 4 种类型。因为有绿化的街头绿地郁闭度较高,从而使得场地湿度较高。以高温的 14:00 为例,5 种类型的街头绿地湿度呈现乔—草→乔—灌—草→乔→灌—草→硬质铺装的趋势。

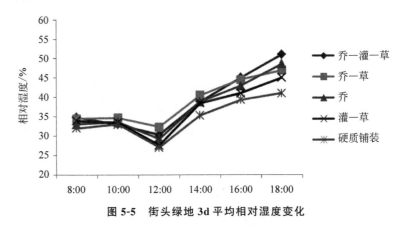

图 5-5　街头绿地 3d 平均相对湿度变化

如表 5-9 所示,4 个有绿化的场地相对湿度最高值均高于硬质铺装场地。乔—灌—草场地增湿幅度为 24%,乔—草场地增湿幅度为

14％,乔木场地增湿幅度为 18％,灌—草场地增湿幅度为 10％。从最低湿度相对值看,4 个有植物的场地均高于硬质铺装场地,说明有植物的街头绿地,在蒸腾释水时能吸收热能,释放水蒸气,从而增加环境湿度。从最高湿度的相对值可看出,不同内部构成的场地增湿幅度排序为:乔—灌—草→乔→乔—草→灌—草→硬质铺装。在 8:00～10:00 时间段,各街头绿地相对湿度值无显著性差异,在较高温度的 14:00 之后,有绿化的街头绿地增湿效果明显。在 16:00～18:00,乔—灌—草、乔—草及乔木构成的空间与硬质铺装的空间相比存在显著性差异,灌—草空间与硬质铺装的空间相比无显著性差异。综合来看,这是因为高大的乔木、灌木和草的复层结构,增湿效果比单纯的乔木或灌草增湿效果好,有乔木的空间增湿效应明显。

表 5-9　街头绿地 3d 平均最高、最低相对湿度对比

编号	观测环境	最高湿度		最低湿度	
		观测值(RH％)	相对值[①]	观测值(RH％)	相对值
1-5	硬质铺装	41	100％	27	100％
1-1	乔—灌—草	51	124％	30.3	112％
1-2	乔—草	46.9	114％	32.3	120％
1-3	乔	48.5	118％	29.3	109％
1-4	灌—草	45	110％	27.6	102％

注:①以 1-5 硬质铺装观测值为基准计。

3)不同内部构成的步行道路光照环境的影响

如图 5-6 所示,一天中光照较弱是 8:00 及 18:00 时,随着温度的上升光照强度差值逐渐增大,硬质铺装型空间在 14:00 时光照强度达到峰值,比乔—灌—草型的街头绿地高 10 340Lx,比乔—草型的街头绿地高 8 310Lx,比乔木型的街头绿地高 8 526Lx,比灌—草型的街头绿地高 3 224Lx。从图表总趋势来看,有乔木的 3 个场地早晚光照差值不大,较平稳。灌—草型的场地在 12:00～16:00 时光照较强,低于硬质铺装的场地,远高于有乔木的场地。从 14:00 时的光照度呈现出硬质铺装→灌—草→乔—草→乔→乔—灌—草的趋势。光照强度对植物的生长发育影响很大,灌—草构成的侨怡苑街头绿地绿化生长很好,这与光照强度有很大的关系,直接影响植物光合作用的强弱。乔—灌—草构成的场地内,草地长势不如灌—草场地,说明由于乔木冠层吸收了大量日光能,使草地对日光能的利用受到了限制,所以一个空间的植物长势既决定于群落本身、植物间的垂直搭配,也决定于所接受的日光能总量。整体分析来看,和硬质铺装的场地空间相比,有绿化的街头绿地空间,能有效吸收和阻挡光照,不仅为植物提供了光能,也为空间里活动的人们提供遮阴作用,平衡了植物生长与改善

环境的作用。

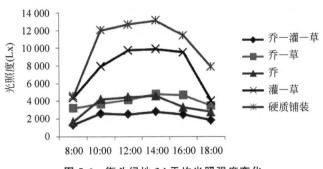

图 5-6　街头绿地 3d 平均光照强度变化

5个不同内部构成的街头绿地,最高光照强度和最低光照强度观测值如表 5-10 所示,根据相对值来看,有绿化的场地明显低于没有绿化的硬质铺装型空间。康泰阁南场地光照度最高时达到 13 120Lx,最低达到 4 572Lx。乔—灌—草型、乔—草型、乔木型和灌—草型场地的最高光照强度的观测值为:2 780Lx、4 810Lx、4 594Lx 和 9 896Lx。相比没有绿化的康泰阁南场地光照强度的遮光幅度分别达到:79%、63%、65% 和 25%。各测点的有绿化街头绿地最低光照值与硬质铺装型场地最低光照值相比,遮光效果都很明显。其中,康泰阁西场地虽然由乔—草构成,但是因为乔木的树冠较小,在遮挡光照方面不如只有乔木构成的林和街场地。因为林和街场地内的乔木冠幅较大,乔木之间密度高,遮光效应较之更明显。说明光照强度与植物光合作用有一定的比例关系,接受日光是植物获得生命力的必要条件。通过观测数据的对比,4个有绿化的场地在接受光照强度上不仅满足了植物的正常生长发育,还营造了多样化光线的内部空间。如图 5-6 所示,在各时段,5个街头绿地空间的光照度差异性显著,尤其是在 14:00 最为显著。以上分析说明冠幅大,且叶面指数较大的乔木遮光效益好,如乔—灌—草型、乔—草型和乔木型街头绿地中的大叶杜英和橡胶榕。而冠幅小,且高大的乔木遮光效益小,

表 5-10　街头绿地 3d 平均最高、最低光照强度对比

编号	观测环境	最高光照度		最低光照度	
		观测值(Lx)	相对值[①]	观测值(Lx)	相对值
1-5	硬质铺装	13 120	100%	4 572	100%
1-1	乔—灌—草	2 780	21%	1 313	29%
1-2	乔—草	4 810	37%	3 180	70%
1-3	乔	4 594	35%	1 649	36%
1-4	灌—草	9 896	75%	4 031	88%

注:①以 1-5 硬质铺装观测值为基准。

比如大王椰和猴子杉。由以上分析得出,有乔木的空间遮光效应明显。在广州由于日照时数长,人们的户外活动频繁,而植物的生长对光照度有极大的需求,因此空间内的遮光与植物吸收光照对街头绿地空间微气候的舒适及生态效应具有重要意义。

4) 不同内部构成的街头绿地空气负离子的影响

如图 5-7 所示,街头绿地负离子浓度的变化随着温度的升高呈下降趋势。4 个有绿化的场地空气负离子浓度含量与硬质铺装的场地相比整体偏高。在早上的 8:00,5 个场地均出现一天中的最高值。在下午的 18:00,空气负离子明显较低,这是由于使用场地的人数较多影响所致。调研发现,在 17:00 点天河北小学放学之后,有许多小朋友分散在各个街头绿地游戏追逐,陪同的成年人也比白天任何一时段多,这个时间段空气负离子浓度较低。在 8:00～10:00 时,乔木型街头绿地负离子浓度达到 5 个场地中最高,12:00～14:00 下降低于这一时刻的乔—草型场地,16:00～18:00 又上升为最高。这主要是因为林和街街头绿地内高大的乔木所致,在中午略低是由于相比其他场地在这个时段的人流量大,场地内的运动设施、座椅和凉亭等设施为周边的上班族午休时来此就坐、抽烟、聊天等活动提供了空间。而乔—草型因为场地内只有尺度较小的散步道,除了途经不能提供就坐或短暂停留,使用者较少,一天中的负离子浓度较为平稳,因此这个时段略高于乔木型场地。说明空气负离子浓度随环境变化有一定的波动。灌—草构成的场地负离子浓度普遍不高,因为该场地的草地面积占了较大比例。研究表明,树木增加的空气负离子数量比草坪多一倍[96]。从一天中场地使用率较高的 14:00 来对比负离子浓度,排序为乔—草→乔→乔—灌—草→灌—草→硬质铺装的趋势。以上结果说明,郁闭度高、植物复层搭配结构是空气负离子产生的原因之一。植物群落结构、树种、配置以及人群、行为、环境都会对场地

① 姜国义.生态园林绿地建设中应用树木与草坪效果对比分析[J].防护林科技,2001(1):25～27.

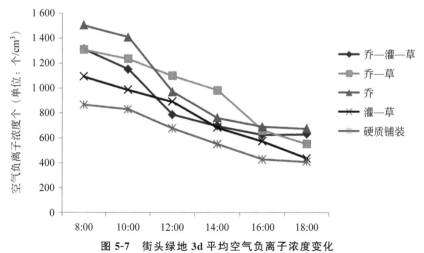

图 5-7　街头绿地 3d 平均空气负离子浓度变化

负离子浓度和分布造成影响。

如表 5-11 所示,5 个不同内部构成空间的最高负离子浓度和最低负离浓度有较大差距。乔—灌—草、乔—草、乔和灌—草型街头绿地最高负离子浓度的观测值依次为:1 312、1 307、1 503 和 1 092 个/cm³,相比硬质铺装的康泰阁南场地负离子浓度幅度分别达到:152%、151%、174% 和 126%。整体来看,除了没有绿化的康泰阁南,产生负离子浓度最强是乔木构成的街头绿地,乔—灌—草型次之,然后是乔—草型,最后是灌—草型。说明了不同植物构成的空间类型中空气负离子浓度值存在差异,植物越多、郁闭度越大空气负离子浓度越高。因此,在街头绿地植物配置时选择树冠大、枝叶茂密的树种,例如研究地乔—草型的非洲桃花心木、橡胶榕和杜果等,提高空气质量,达到改善环境的目的。

表 5-11　街头绿地的最高、最低负离子浓度对比

编号	观测环境	最高负离子浓度		最低负离子浓度	
		观测值(个/cm³)	相对值①	观测值(个/cm³)	相对值
1-5	硬质铺装	864	100%	409	100%
1-1	乔—灌—草	1 312	152%	623	152%
1-2	乔—草	1 307	151%	553	135%
1-3	乔	1 503	174%	675	165%
1-4	灌—草	1 092	126%	435	106%

注:①以 1-5 硬质铺装观测值为基准计。

3. 讨论

1) 街头绿地空间的场地因素

研究结果显示,5 个街头绿地的面积从 702m² 到 1 932m² 不等,根据使用人数和频率表明,各绿地空间在白天均有较高的使用率。因此,街头绿地的使用基本不受面积的影响。因此,建设街头绿地,应开辟挖掘边角空间以满足交通、娱乐和运动的多重使用功能。面向不同的年龄层使用者,结合周边街头绿地的功能,合理安排,做到共融互补。5 个街头绿地空间代表了高密度城市居住区最为普遍的几个场所类别(漫步休闲、康体等动态活动空间;小坐、眺望等静态活动空间;硬质铺装的多功能空间等),反映了高密度城市街头绿地的实际现状,为微绿地的应用和多维性质提供了经验的支持。

2) 街头绿地空间的个体因素

由感知偏好的统计可知,5 个维度中赞成程度最高的 3 个偏好是个人维度下的"我支持城市里多设置一些街头绿地"、物理维度下的"街头绿地离我住的地方很近"及社会维度下的"是社区邻里重要的

娱乐休闲场地",明确了街头绿地最优价值的要素,即:数量多、可达与生活化。感知是人与空间的关系中的核心内容,是对环境信息的一种综合的体验、理解以及感情投入。这些偏好为人们在微绿地空间的使用提供了感知支持,增强了对高密度城市街头绿地的认识。

3）街头绿地空间的环境生态因素

5 个街头绿地不仅为居民提供了休闲活动的场地,而且对改善城市的小气候环境和改良环境起着不可低估的作用。在调节温度、相对湿度、光照度以及负离子浓度方面发挥着重要的生态效应。

通过 2017 年 1 月采集的实测数据发现,5 个场地的温度变化幅度不大,说明在冬季乔—灌—草和乔—草的街头绿地具有保温功能。乔—灌—草构成的场地增湿幅度平均为 24%,乔—草构成的场地增湿幅度为 14%,乔木场地增湿幅度为 18%,灌—草构成的场地增湿幅度为 10%。各测点的有绿化街头绿地遮光效果都很明显。其中,乔木的树冠大、郁闭度高,形成的内部空间光照度较弱,遮光效应较之没有乔木或植物较低矮的更明显。有绿化的 4 个街头绿地的负离子浓度平均值为 908 个/cm^3,冬季的日变化峰值出现在 8:00～10:00,医学研究发现当负离子浓度达到 700 个/cm^3 以上时才有益于人体健康[97],这可能与城市的作息时间及生活方式有很大的关系,另外,研究地区不同,结论也可能会有区别。

5.1.5　街头绿地设计建议和成果

1. 场地、个体、环境生态因素的设计建议

街头绿地空间设计以生态思维为核心,其一强调对生态过程的组织和条理,其二则强调艺术和美的表达和再现[98]。当融合各种因素使其同时发挥作用时,就会产生令人身心愉悦的感受,从而便能创造宜人的逗留场所。在街头绿地空间规划或更新时,可以从场地、个体和环境生态效益 3 个层次考虑出发,进行更全面的设计思路和方法。表 5-12 统计和分析了符合场地、偏好和生态效应的相关设计策略,为形成良好的街头绿地环境,有效发挥土资源,最大效益地增加城市绿化覆盖率。城市园林绿地在功能效果上与植物群落结构设计有密切关系[99],城市绿化应以植物群落为单位,合理配置植物材料和群落结构,进行植物景观设计时既考虑功能关系又注重人的真实体验以及环境的生态效应,以此达成美和科学的环境效果[100]。

① 范亚民,何平,李建龙,沈守云.城市不同植被配置类型空气负离子效应评价[J].生态学杂志,2005,24(8):883～886.

② 俞孔坚,李迪华,吉庆萍.景观与城市的生态设计:概念与原理[J].中国园林,2001,17(6):3～9.

③ 严玲璋.可持续发展与城市绿化[J].中国园林,2003(4):44～47.

④ 李树华.共生、循环——低碳经济社会背景下城市园林绿地建设的基本思路[J].中国园林,2010,26(6):19～22.

表 5-12　街头绿地空间场地、个体及环境生态因素的设计建议

场地特点或研究发现		结论	设计建议
场地因素①	乔—灌—草结构街头绿地	增湿降温,调节小气候,净化空气,减弱噪声,减少径流,防风,游憩等多重功能,提供围合感较强的空间	天然绿色屏障,根据风向、日照时间设计活动
	灌—草结构街头绿地	降温,增湿,调节小气候,净化空气,涵养水源,无尘土,蒸发快,引进新鲜空气	可用于视线开阔、开放的空间,可在上面行走、踩踏,可进行多种娱乐活动
	硬质铺装为主的街头绿地	吸收积聚大量的热辐射,使地面温度上升,降低降雨的渗透,整年使用,坚硬、耐久、维护成本低	雨后能更快使用而无积水,可用于特殊目的的设计(运动、跑道、节日庆典)
个体因素②	我支持城市里多设置一些街头绿地	对街头绿地的需求	充分考虑街头绿地的必要性
	街头绿地离我住的地方很近	可达性、便捷性有助于提高使用率	提高便捷度,明确的功能设置
	是社区邻里重要的娱乐休闲场地	对功能的需求	创造交往、休息、健身等功能
	街头绿地能使我身心健康	有助于促进健康并提高使用率	提高舒适度,使植物和公共设施高质量
	能调节和改善城市气候	促进环境质量的改善	尊重气候、地形,增加植物种类,吸引小昆虫、鸟类等,发挥自然能动性
	以绿色为主的街头绿地最具美感	偏好更具自然气息的绿色	植物形态丰富
环境生态因素	空气温度效益	硬质铺装 → 灌—草 → 乔—草→乔→乔—灌—草	根据降温幅度选择植物构成
	相对湿度效益	乔—草→乔—灌—草→乔—灌—草→硬质铺装	根据气候条件决定是否需要增湿或保持干燥
	光照度效益	硬质铺装 → 灌—草 → 乔—草→乔→乔—灌—草	根据植物的需求及空间功能考虑遮挡或引进光照
	负离子浓度效益	乔→乔—草→乔—灌—草→灌—草→硬质铺装	任何能增加负离子浓度的植物都是有益的

注:①取 3 个有代表性的街头绿地空间进行讨论;②取 5 个维度中排在前 6 的偏好进行讨论。

2. 设计作品

通过以上的多重分析,确定了影响场地的特征及要点,考虑了风向和日照的条件,以改善场地微气候;根据现场观测和调研,老年人和儿童是场地的主要使用者,所以为他们设置了多活动场地;利用乔木、灌木和草本植物的垂直布置,形成层次丰富的植被群落,有效过滤了粉尘和噪声,净化了空气;利用空间优势,形成丰富且包容的街头微绿地景观设计,有针对性地提出改善街头微绿地的景观设计方案(见图 5-8～图 5-17,均由黄钰玲设计绘图)。设计作品承载了功能、审美、生态三重含义,任何一个微绿地景观都应以突出这三个内涵为目标。

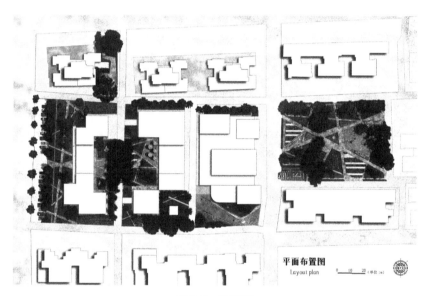

图 5-8　平面图

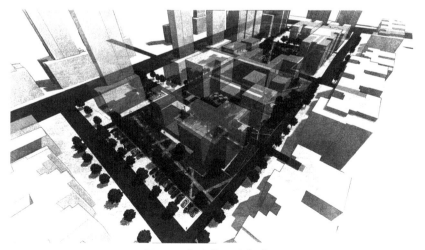

图 5-9　街头微绿地鸟瞰图

图 5-10　入口景观设计

图 5-11　与车行道相连空间设计

图 5-12　娱乐健身空间设计

图 5-13　市民交谈就座空间设计

图 5-14　入口景观设计

图 5-15　园路空间设计

图 5-16 植物与活动空间设计

图 5-17 以儿童活动为主的空间设计

5.2 道路微绿地景观

几乎所有城市的共同特征,都是更加关注汽车交通而忽略生活在城市的个体——人的步行尺度。以汽车为主的交通系统使户外活动更加减少是高密度城市的特征。"高层建筑加空地"构成了大部分的城市空间。这不仅降低了步行活动作为一种交通形式的可能,而且导致了城市缺乏活力,令城市生活和步行活动的条件变得稀少。创造良好的城市生活,应关注街道上的慢速交通,营造街道的场所性,专门为步行者提供基于人行的宽度、连接两个地点的道路。街道景观是形成步行空间场所感的基本物质元素。步行空间通常是指所有由建筑边缘所界定的用于步行的交通空间,包括传统步行商业街在内的城市内部所有的步行空间系统。步行街道是公共生活的重要场所[101]。步行道路不仅是交通空间,而且也是城市的开放空间,连接了建筑、广场、花园以及车行道,还代表着城市面貌,综合塑造出独特的城市步行道路景观空间。步行空间有其空间特性,是由三维界面围合成的空间,即由空间的顶(一般有天空或者屋面等)、步行空间周边的边界(如建筑、树木、护栏等构筑物物体等)及地面共同围合成的空间。城市步行道路的主要功能如图 5-18 所示。交通功能是步行道路最主要的功能。通行是让行人能安全、舒适到达目的地;途经功能,是指方便准确地从道路到达目的地的地方和建筑物。空间功能包括地下设施、地平面、植物、街道家具、建筑物等元素,还可作为人们交流、休闲和散步的空间场所。从使用心理上来说,步行空间偏重于为人们提供有认同感、安全性强、舒适、领域感强的空间体验。

① 赵春丽,杨滨章.步行空间设计与步行交通方式的选择——扬·盖尔城市公共空间设计理论探析[J].中国园林,2012(6):39~42

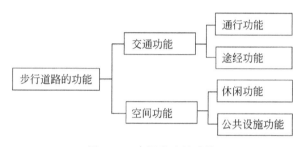

图 5-18　步行道路的功能

"街道及其人行道,是城市中的主要公共区域,是一个城市的最重要的器官。街道、人行道或植物带的小尺寸兴许看起来无所谓,但若是放在一个有上百万人居住的、被细分成好几百段的、绵延数英里长的街道上,那么它们就将对我们社区的面貌、人的心境感受和工作状态产生非同小可的影响。"人行步道在改善道路景观和增加城市活力方面起到了很大的作用。广州天河居住区人行道路的特点在于与气候紧密结合,基本上能够应对降雨丰富及光照强烈的亚热带气候条件。人行步道与机动车有护栏或道牙分割。十字路口有过街路线和标识,基本上做到了安全的通行。最大的问题是由于建筑、机动车道或城市公共设施的影响,有些人行道路被迫断开,无法连续。于 2015 年 12 月~2016 年 12 月对广州市中心城区的步行道路绿地空间进行实地踏勘,按照代表性、典型性的原则,对居住区人行步道的绿化和周围环境进行分析,综合考虑道路走向、结构等因素。为减少周边建筑环境对试验的影响,基于人行道的宽度选择样地,用腾讯城市热力图数据平台基于位置的实时及每周该场地的人群密度作为参考(见图 5-19),最终选取研究样地位于小高层居民楼的社区与社区之间、单向车行道旁、居民使用率较高的步行道路空间作为研究对象。

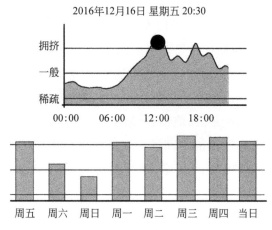

2016年12月16日 星期五 20:30

图 5-19　珠江新城人行步道人群密度分布

以往有关的研究主要围绕步行道路的空间设计展开[102~103],如道路植物设计[104]、道路物理环境研究[105]、夏季给环境带来的生态效应[106],而将使用步道空间的人、道路本身以及步道的生态效应三者联系起来共同分析和研究的较少。研究城市最具代表性的居住区人行步道不同结构类型绿地的使用情况、温湿度差异、光照度和负离子浓度差异,尤其是关于生态效应中冬季的定量化深入研究较少。

本章节通过对步行空间场地条件、步行人群及步行道路生态效应的研究,提出相应的适合气候及人使用的步行道路空间的建议,可提高城市人行步道空间的生态效应,拓展人行道路绿化模式,为创造具有吸引力的公共空间和多样化的城市步行道路提供理论依据。

5.2.1　研究地的环境与现状

1. 研究地的环境概况

研究对象地处东经 113°35′,北纬 23°12′,位于广州市天河区珠江新城(见图 5-20)。珠江新城是广州天河 CBD 的主要组成部分,是中国 300m 以上摩天建筑最密集的地方,也是广州地区内世界 500 强最密集的区域,南邻珠江滨水绿道,西接天河区中轴线。珠江新城的步行道路整体上规划完整、绿化丰富、公共设施完善,在一些商住综合区,临街的、带有入户花园的店铺、在交通节点设计的艺术装置及夜景照明使得步行道路空间更加完善。在具有目标性的规划指引下不断完善和追求以吸引更多的步行交通和逗留活动。调研结果显示,步行交通和逗留活动随着城市环境的改善已有了标志性提高。本研

① 迈克尔·索斯沃斯,许俊萍.设计步行城市[J].国际城市规划,2012,27(5):54~64.

② 龚茵华.岭南地区居住区步行空间规划研究[D].广州:华南理工大学,2010:1.

③ 李华威,穆博,雷雅凯,等.行道路带状绿地景观评价及功能分析[J].浙江农林大学学报,2015,32(4):611~618.

④ 朱春阳,李树华,纪鹏.城市带状绿地结构类型与温湿效应的关系[J].应用生态学报,2011,22(5):1255~1260.

⑤ 曾煜朗,董靓.步行街道夏季微气候研究——以成都宽窄巷子为例[J].中国园林,2014(8):92~96.

究地为商住综合区,楼群间的道路绿化集中。所选的步行道路在满足通行和空间的功能外,道路铺装及园林绿化空间整体感较强,该区域的步行道路能够代表广州高密度环境下商住综合区步行道路的空间环境。

图 5-20　珠江新城步行道路场地分布

2. 研究地构建现状

所选场地外部环境相似、材质相对均质、绿化结构不同的 4 条路段作为样地展开研究。是在道路红线范围内,宽度为 6m,长度为 230m 的 4 条人行步道。本章节的研究分为对场地本身的因素分析、场地问卷调研以及场地生态效应测定。根据试验目标要求,在问卷调研时保证每个人行步道的问卷量和时间基本持平,保证调研天气条件一致。在生态效应的测定时,以相邻处的上筑路南人行步道作为对照样地,进行同步测定。样地概况如表 5-13 和表 5-14 所示。

表 5-13　所选样地路段基本资料

编号	名称	宽度(m)	长度(m)	朝向	结构
2-1	海月路	6	230	东西	2 车道＋2 人行步道
2-2	上筑路北	6	230	东西	2 车道＋2 人行步道
2-3	海明路	6	230	东西	2 车道＋2 人行步道
2-4	上筑路南	6	230	东西	2 车道＋2 人行步道

表 5-14　所选 4 个不同内部构成样地植物群落现状

编号	位置	植物景观类型	植物配置形式	植物群落构成特点	郁闭度/%	场地平面、立面布局
2-1	海月路	乔（两侧种植）	小叶榕 *Ficus concinna* 海南蒲桃 *Syzygium cumini*	树高 16m，冠幅 6m，株距 6m，列植；树高 15m，冠幅 6m，株距 6m，列植	80～90	
2-2	上筑路北	乔（单侧种植）	香樟 *Cinnamomum camphora*	树高 12m，冠幅 6m，株距 6m，列植	70～80	
2-3	海明路	乔—小乔—灌（复层群落）	海南蒲桃 *Syzygium hainanense* 垂叶榕 *Ficus benjamina* 鹅掌藤 *Schefflera arboricola*	上层乔木高 15m，冠幅 6m，株距 8m，列植；中层小乔木高 2.2m，3.6m²，修剪成形；下层片植灌木地被高 0.5m，面积 0.9m²，修剪成形	50～60	
2-4	上筑路南	硬质铺装	—	—	0	

5.2.2　材料与方法

1. 步行道路空间感知偏好研究

在选好的人行步道上,于 2016 年 12 月,首先通过结构化观察做了预调查笔记,即在每条道路中段选择一个视野最佳观察点,记录经过人行步道的人们的各种活动情况及场地环境特点,在平日和休息日各进行 6 次 15min 的记录,从 8:00 到 18:00,每 2h 直接观测 1 次。通过观测笔记,设计了 5 个维度的调研问卷。在 2016 年 12 月 29 日、30 日、31 日进行问卷调研。向经过 4 个步道的不同年龄、性别的人们各发放 90 份问卷,问卷包括受访者的基本信息与场地 5 个维度的调查,维度的内容以其相关变量:审美、物理、生态知识、社会和个人(见图 5-21)作为评价方式,与受访者进行面对面的问卷发放与回收,共360 份问卷。运用李克特(Likert scale)量表测量多维度的概念或态度,统计受访者的赞成程度和偏好取向。问卷中的问题能够代表人行步道环境下的空间感知特征。在这个模型中,均值越高,代表的感知程度越高,标准差越小,代表受访者之间的认同差距越小。

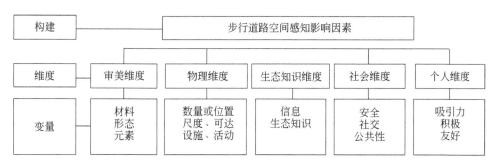

图 5-21　步行道路空间感知偏好模型

2. 步行道路空间的生态效应研究

在具体的实验中,考虑数据的代表性和连续性,采用了 3 点观测法进行观测,在道路的中间点(约 115m 处)设定第 1 个观测点,然后以该点向东西两个方向各间隔 5m 作为第 2、3 测点,共 3 个观测点。观测高度均为距离地面 1.5m 处,这个高度是标准气象百叶箱测温湿的高度,可以很好地代表人类活动范围的微气候状况。

测定时间选在与生活影响较大的白天进行。于 2017 年的 1 月晴好无风的天气连续测量 3d(26 日、27 日、28 日),8:00 到 18:00 进行测定,每 2h 测定 1 次,每次气温、相对湿度、光照度和空气负离子浓度都是进行同步测定与数据分析,得到冬季 4 个样地的温湿度、光照度及空气负离子浓度的测试值加以比较与分析。

5.2.3　实验数据的采集

实验数据的采集(同第 5 章 5.1.3 节)。

5.2.4　结果与分析

1. 居民使用步行道路绿地空间的分析

受访者特征：在 4 个不同的人行步道空间，相似的天气情况下，对 360 个不同年龄层(青少年占 19%，成年人 43%，老年人占 38%)的受访者做了面对面的访问与记录。受访者中男性占 63%，女 37%；51%的受访者居住在附近，58%的受访者在中午 12:00 时和下午 16:00～18:00 时出行，78%是上学、上班、购物、外出办事等人，8%是外卖、递送邮件等日常工作，15%是没有目的的溜达。在职业、收入和教育程度占比例较大的是：64%的游客处于就业状态，49%的游客收入在 ￥5 000 以上，42%的游客是大学本科或以上教育程度。

1) 从美学维度评估步行道路的空间感知偏好

通过 360 份问卷的统计结果显示，在美学维度下(见表 5-15)，"有高大的绿色植物为主的步行道路空间很有吸引力"(M＝3.99，SD＝1.053)是游客最强的感知需求，其次是"步行道路空间中有一些水景、雕塑或者艺术装饰细节会更有美感"(M＝3.88，SD＝0.872)。排在第 3 感知偏好是"色彩、光线、造型等元素相互组合使步行道路富有魅力"(M＝3.57，SD＝1.135)。"平坦、笔直及生长整齐绿化的步行道路更具美感"(M＝3.21，SD＝1.194)及"蜿蜒曲折、绿化变化多样的步行道路更具美感"(M＝3.21，SD＝1.248)，这两项审美感知同意度不高。根据得分的差异可以看出受访者对步行道路的审美维度的侧重点和主导因素。这个维度从空间绿化类型、道路的空间变化和空间要素 3 个方向对受访者的感知进行判断。由于人们的视觉观赏角度对地面的形式、色彩、植物更多关注，这些要素构成一系列吸引点，提升了道路的环境友好程度。

2) 从物理维度评估步行道路的空间感知偏好

如表 5-16 所示，在设计的 6 个物理维度中，最重要的因素是"每个居住区周边都应该有若干条步行道路"(M＝4.19，SD＝0.792)。步行道路设置合理且达到一定数量与受访者的物理感受直接联系，增加人步行的机会和步行的距离。"步行道路很便捷，容易通过，不拥挤"得到了较为普遍的认可(M＝3.78，SD＝0.902)。步行道路的可达、人性化尺度、距离近，对生活在高密度环境中的人们至关重要，体现了时效性与灵活性。"噪声低、不受车流影响"(M＝3.02，SD＝1.114)同意度较低。说明步行道路在隔音及抵挡车流方面的环境设计还做得不够。在现代化高密度的城市，人与公共空间联系较少，或者距离较远，应强调或鼓励步行的机会。通过步行空间联系更多公共空间，丰富了人们回家或者去购物的路途体验。

表 5-15　美 学 维 度

维度	构建	变量					统计量	
		非常同意	同意	不一定	不同意	非常不同意	均值（M）	标准差（SD）
审美维度	有高大的绿色植物为主的步行道路空间很有吸引力	134	143	41	32	10	3.99	1.053
	平坦、笔直及生长整齐绿化的步行道路更具美感	54	107	91	76	32	3.21	1.194
	蜿蜒曲折、绿化变化多样的步行道路更具美感	65	89	108	54	44	3.21	1.248
	路面铺装材料丰富的步行道路更有魅力	45	129	141	42	3	3.47	0.886
	步行道路空间中有一些水景、雕塑或者艺术装饰细节会更有美感	88	167	85	15	5	3.88	0.872
	色彩、光线、造型等元素相互组合使步行道路富有魅力	79	143	52	75	11	3.57	1.135

表 5-16　物 理 维 度

维度	构建	变量					统计量	
		非常同意	同意	不一定	不同意	非常不同意	均值（M）	标准差（SD）
物理维度	附近的步行道路能满足经过的人群数量	83	171	46	49	11	3.74	1.055
	步行道路很便捷，容易通过，不拥挤	82	145	108	21	4	3.78	0.902
	每个居住区周边都应有若干条步行道路	142	155	53	10	0	4.19	0.792
	步行道路有坐凳、指示牌、垃圾箱和夜间灯	36	86	169	52	17	3.20	0.967
	道路空间尺度合适，具有良好的感官接触，便于沟通	49	129	147	29	6	3.52	0.886
	噪声低、不受车流影响	37	75	145	63	40	3.02	1.114

3) 从生态知识维度评估步行道路的空间感知偏好

如表 5-17 所示，M 值和 SD 分析表明受访者从知识维度对步行道路空间的感知同意度依次为："步行空间多层次的绿化能形成小型的生态环境（例如降温、遮阴、净化空气、过滤粉尘、释放氧气、降低噪声等）"（M=3.93，SD=0.912）、"良好的步行空间使城市生活更健康、可持续"（M＝3.9,SD＝0.910）、"能吸收雨水、减少径流降低洪涝"（M＝3.77,SD＝1.059）。科学研究证明,城市园林绿地对 CO_2 具有明显的吸收作用,而且对空气粉尘等有害物质具有良好的吸收和过滤作用。对噪声起到良好的减弱作用,据测定,有绿化的街道可以降低噪声8～10dB[107]。生态知识维度的统计表明了受访者对步行道路绿化的生态知识认知程度。广州降雨丰富,步行道路空间的绿化能够有效截留和吸收径流中的污染物,树冠可以减缓雨水对地面土壤的冲刷,防止表土流失。同时,植物的根系也能够起到固土作用。

① 刘文庆.城市园林绿地生态系统功能及规划[J].现代园艺,2012(6):177.

表 5-17　生态知识维度

维度	构建	变量					统计量	
		非常同意	同意	不一定	不同意	非常不同意	均值（M）	标准差（SD）
生态知识维度	良好的步行空间使城市更健康、可持续	92	176	60	28	4	3.90	0.910
	步行空间绿化能改善生活环境质量	60	185	53	42	20	3.62	1.073
	步行空间多层次的绿化能形成小型的生态环境（例如降温、遮阴、净化空气、过滤粉尘、释放氧气、降低噪声等）	115	128	96	20	1	3.93	0.912
	能吸收雨水,减少径流,降低洪涝	104	124	85	38	9	3.77	1.059

4）从社会维度评估步行道路的空间感知偏好

社会维度下的统计显示（见表 5-18）,对于步行道路认同度最高的是"道路连接了周边环境,带动社区活力"（M＝3.94,SD＝0.862）,其次是"步行空间是重要的城市公共空间"（M＝3.77,SD＝0.893）、"步行空间很安全"（M＝3.40,SD＝1.005）。从社会维度的 5 个统计结果来分析,受访者对步行道路空间普遍持积极态度。邻里的交流、安全感强化了人的场所感知。

5）从个人维度评估垂直绿化的感知偏好

人是步行道路空间中最主要的参与者、受益者,因此人的感受才是评价空间品质的最主要的也是最重要的参考标准。在个人维度（见表 5-19）下,最重要的 3 个感知程度依次为:"我经常使用步行道路"（M＝4.43,SD＝0.544）、"只要气候、时间和距离允许,我愿意在步行道路空间中行走或短暂驻足"（M＝4.25,SD＝0.650）、"我支持城市里多规划步行道路"（M＝4.22,SD＝0.780）。从这几个获得较高统计量的感知偏好看出,应充分考虑步行道路空间的必要性。步行空间不仅创造通行,还可能带来交往、娱乐、休息、参与活动等功能,通多步行丰富对空间的感知。

表 5-18 社 会 维 度

维度	构建	变量					统计量	
		非常同意	同意	不一定	不同意	非常不同意	均值(M)	标准差(SD)
社会维度	步行空间很安全	45	139	104	61	11	3.40	1.005
	步行空间是重要的城市公共空间	75	155	108	15	7	3.77	0.893
	有助于邻里社交和互动	51	78	150	63	18	3.22	1.054
	道路连接了周边环境,带动社区活力	93	182	55	30	0	3.94	0.862
	增加了对城市的理解和机会	43	125	131	45	16	3.37	0.996

表 5-19 个 人 维 度

维度	构建	变量					统计量	
		非常同意	同意	不一定	不同意	非常不同意	均值(M)	标准差(SD)
个人维度	我经常使用步行道路	164	187	9	0	0	4.43	0.544
	我支持城市里多规划步行道路	147	157	46	10	0	4.22	0.780
	步行使我感到很自在、愉悦、是一种人与人之间交流的特殊形式	75	163	94	27	1	3.79	0.867
	只要气候、时间和距离允许,我愿意在步行道路空间中行走或短暂驻足	129	195	34	2	0	4.25	0.650
	我希望同时具备步行交通和逗留休息的良好空间	134	170	39	14	3	4.16	0.834

2. 步行道路空间的生态效应分析

1)不同内部构成的步行道路温度的影响

如图 5-22 所示,4 条步行道路的总体温度变化趋势与环境温度的变化趋势相似。其中,没有绿化的上筑路南所表现出来的日温差变化最明显,在早晨 8:00~10:00 温度较低,在高温时段的 14:00 达到 24.6℃,比这一时刻乔—小乔—灌木型道路绿地空间高 2.4℃,比单侧种植乔木型高 2.3℃,比两侧种植乔木型高 1.6℃。主要是因为硬质铺装型道路无树木遮挡,地面材料反射率较高,白天接受光照多,气温上升快;而傍晚地面有效辐射较高,地面失热速度较有绿化的道路空间快,日温差变化最大。在高温时段的 14:00 为例进行比较,4 种类型步行道路绿地温度呈现硬质铺装道路→两侧布置乔木的道路绿地→单侧乔木的道路绿地→乔—小乔—灌道路绿地的趋势。这是因为海月路道路两侧的乔木形成一个围合空间,热量的流动、交换比较慢。综合来看,有绿化的步行道路在白天温度变化幅度较小,能降低正午时刻温度对人的步行环境的影响,具有调节小气候的作用。

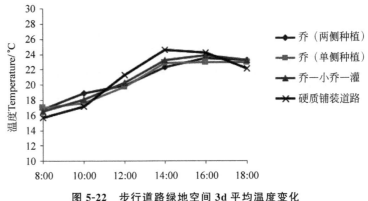

图 5-22 步行道路绿地空间 3d 平均温度变化

如表 5-20 所示,4 条绿化构成不同的步行道路,硬质铺装的上筑路南最高温度比其他 3 条有绿化的道路高,最低温度比有绿化的道路低。从最高温度相对值来看,道路两侧种植乔木的步道降温幅度为 4%,绿化为单侧种植乔木的步道降温幅度为 7%,绿化为乔—小乔—灌复层群落的海明路降温幅度为 3%。从日温差来看,两侧种植乔木的步道为 6.7℃,单侧种植乔木的步道为 6℃,乔—小乔—灌的步道为 7.4℃。3 个不同植物构成的道路在温度调节方面的差异略优于硬质铺装,这与绿化冠幅、树的高度有关。研究表明,土壤水分的蒸发与植物叶片水分的散失是植物产生降温的主要原因。尤其是生长高大的枝叶茂盛的乔木在里面空间形成屏障,而冬季的植物生理代谢、消耗小于夏季,因此降温增湿幅度小于夏季[108]。总体上降温幅度较小,差别不大。

① 纪鹏,朱春阳,李树华.城市沿河不同垂直结构绿带四季温湿效应的研究[J].草地学报,2012(3):456~463.

表 5-20 各步行道路绿地空间 3d 平均最高、最低温度对比

编号	观测环境	最高温度		最低温度	
		观测值(℃)	相对值(%)①	观测值(℃)	相对值(%)
2-4	硬质铺装道路	24.6	100%	15.7	100%
2-1	乔(两侧种植)	23.5	96%	16.8	107%
2-2	乔(单侧种植)	23	93%	17	108%
2-3	乔—小乔—灌	23.9	97%	16.5	105%

注:①以 2-4 硬质铺装道路的温度值为基准计。

2）不同内部构成的步行道路相对湿度的影响

有绿化的步行道路与没有绿化的硬质铺装道路在不同时间段的相对湿度变化趋势如图 5-23 所示。各测点的相对湿度总体上与空气温度日变化相反，温度越高，相对湿度越低。在环境温度最高的 14:00～16:00 时，有绿化的步行道路与硬质铺装道路的相对湿度均为较低值。综合来看，有绿化的道路相对湿度比硬质铺装道路略高，说明有绿化的道路有增湿作用。原因在于有绿化的道路形成一个类似隔离层的界面，与空气交换和对流运动慢，受环境大气湿度的影响较小，能够阻止水汽与外界的快速扩散。而没有绿化的硬质铺装道路较为开敞，没有形成围合遮挡，空气与外界交换频繁，水汽蒸发及消耗较快，空气湿度相对较低。从最高和最低相对值可看出，增湿幅度排序为两侧布置乔木的道路绿地＞单侧乔木的道路绿地＞乔—小乔—灌木构成的道路绿地＞硬质铺装道路，相对湿度表现为干燥效应。不同类型的人行道路冬季增湿幅度不明显。

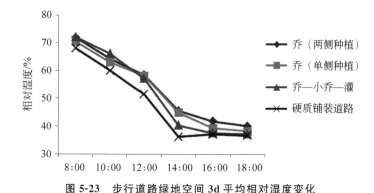

图 5-23　步行道路绿地空间 3d 平均相对湿度变化

由表 5-21 可见，4 条道路相对湿度的最高观测值接近，硬质铺装的道路略低。这是由于相对湿度最高值均出现在早上 8:00，空气温度较低，光照不明显，植物对相对湿度的影响不大。从最低观测值得出，由乔—小乔—灌木构成的海明路最低相对湿度为 39.8%，比硬质铺装的上筑路南相对值高 7%，由单侧乔木构成的上筑路北比硬质铺装道路的最低湿度相对值高 6%；由双排乔木构成的海月路比硬质铺装道路的最低湿度相对值高 13%。从最高相对湿度观测值可看出，增湿幅度排序为：乔—小乔—灌型道路绿地＞两侧布置乔木型道路绿地＞单侧乔木型道路绿地＞硬质铺装型道路。从图 5-23 对比分析出各步行道路绿地空间的相对湿度差异性不明显，可能是由于道路空间较为开敞，与外界空气交换对流快，没有形成围合遮挡，因此空气湿度无显著性差异。尽管相对湿度变化幅度较小，但不同植物构成的道路空间的确存在增湿效应。

表 5-21　步行道路绿地空间 3d 平均最高、最低相对湿度对比

编号	观测环境	最高相对湿度		最低相对湿度	
		观测值（RH%）	相对值①	观测值（RH%）	相对值
2-4	硬质铺装道路	68.4	100%	37.1	100%
2-1	乔（两侧种植）	72	105%	42	113%
2-2	乔（单侧种植）	70.4	103%	39.3	106%
2-3	乔—小乔—灌	71.8	105%	39.8	107%

注：①以 2-4 硬质铺装道路的相对湿度值为基准计。

3）不同内部构成的步行道路光照环境的影响

如图 5-24 所示，一天中光照较弱是 8:00 及 18:00 时，随着温度的上升光照强度差值逐渐增大，硬质铺装的上筑路南在 14:00 时光照强度达到峰值，比乔—小乔—灌型道路绿地的光照强度高 8 322Lx，比单侧乔木型道路绿地高 6 230Lx，比两侧布置乔木型道路绿地高 8 486Lx。3 条有绿化的道路早晚光照差值不大，在 12:00 时略高，其他时段较平稳。上筑路北在 10:00～14:00 时光照较强，两侧布置乔木型道路绿地和乔—小乔—灌型道路绿地一天中的任何时段光照度相对较弱。通过对 4 条步行道路在不同时间段的多重比较分析可知，随着日温度的升高，没有绿化的硬质铺装和有绿化的道路之间的光照强度差异愈加明显。尤其是 14:00，光照强度差异最突出。通过观测对比研究，发现光照强度对植物的生长发育影响很大，3 条道路的绿化均为喜光植物，生长很好，这与光照强度有很大的关系，直接影响植物光合作用的强弱。海月路的光照强度最弱，说明光照强度在不同的生态系统内部也有变化。由于海月路两侧的乔木冠层吸收了大量日光能，使道路空间对日光能的利用受到了限制，所以一个空间的生态效应既决定于群落本身，也决定于所接受的日光能总量。亚热带气候条件下的日光照时间较长，这便意味着光合时间越长，和硬质铺装的道路空间相比，有绿化的步行道路空间，能有效吸收和阻挡光照。对太阳照度的遮挡作用改变了道路空间的温度，为行人提供遮阴作用，平衡了植物生长，并起到改善环境的作用。从 14:00 时的光照度呈现出硬质铺装型道路＞单侧乔木型道路绿地＞乔—小乔—灌型道路绿地＞两侧布置乔木型道路绿地的趋势。

4 个不同内部构成的步行道路，最高光照强度和最低光照强度如表 5-22 所示，有绿化的步行道路明显低于没有绿化的硬质铺装道路的光照强度。上筑路南光照度最高时达到 10 070Lx，最低达到 1 638Lx。乔—小乔—灌型、单侧乔木型、两侧布置乔木型的最高光照强度的观测值分别为：2 396Lx、5 148Lx、1 603Lx，相比没有绿化的上筑路南光照强度的遮光幅度分别达到：76%、49%、84%。对比

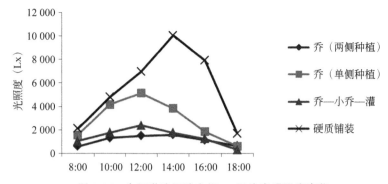

图 5-24　步行道路绿地空间 3d 平均光照强度变化

各测点有绿化步行道路最低光照值与没有绿化的道路最低光照值，遮光效果都很明显。在 14:00～16:00 时段最为显著。虽然光照强度与植物光合作用没有固定的比例关系，但在一定光照强度范围内，接受一定量的光照是植物获得生产量的必要条件。在步行道路绿化设计时可通过合理配置植物，延长植物的生长期，同时植物的更多有机物质也增加了产量。

表 5-22　步行道路绿地空间 3d 平均最高、最低光照强度对比

编号	观测环境	最高光照度		最低光照度	
		观测值（Lx）	相对值[①]	观测值（Lx）	相对值
2-4	硬质铺装道路	10 070	100%	1 638	100%
2-1	乔（两侧种植）	1 603	16%	575	35%
2-2	乔（单侧种植）	5 148	51%	608	37%
2-3	乔—小乔—灌	2 396	24%	307	19%

注：①以 2-4 硬质铺装道路的光照度值为基准计。

4）不同内部构成的步行道路空气负离子的影响

有绿化的步行道路空气负离子浓度含量与无绿化的步行道路相比整体偏高。如图 5-25 所示，4 个不同内部构成的道路空间负离子浓度的曲线变化，随着温度的升高，空气负离子呈下降趋势。在 8:00，4 条道路均出现一天中的最高值。在 18:00，空气负离子明显较低，这是由于室外环境人数增多、车流影响所致，这个时间的场地内是一天中人流最为密集的时刻。两侧布置乔木型道路负离子浓度最高，早上 8:00 时 1 237 个/cm³，10:00 开始下降到 1 148 个/cm³，12:00～14:00 基本持平，分别是 893 个/cm³ 和 857 个/cm³，16:00 再下降到 745 个/cm³，18:00 有小的回升，达到 778 个/cm³。这主要是受道路两侧列植的乔木郁闭度较高的影响。乔—小乔—灌型和单侧乔木型道路绿地从早到晚的负离子浓度也呈下降趋势，在 10:00～12:00 较为明显，相对没有绿化的上筑路南在 16:00～18:00 负离子

浓度个数较多。从一天中场地使用率较高的 14:00 来对比负离子浓度,排序为两侧布置乔木型道路绿地＞乔—小乔—灌型道路绿地＞单侧乔木型道路绿地＞硬质铺装型道路的趋势。以上结果得出,绿色植物是空气负离子产生的原因之一,通过合理的植物配置能影响空气负离子浓度,对场地进行控制和管理,改善场地空气环境质量。空气负离子的存在有利于提高环境质量,有益于人的身体健康。

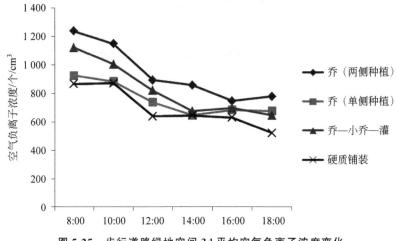

图 5-25　步行道路绿地空间 3d 平均空气负离子浓度变化

由表 5-23 可以看出,4 个不同内部构成的步行道路的最高负离子浓度和最低负离子浓度有较大差距。两侧布置乔木型道路绿地最高负离子个数比硬质铺装型多 367 个/cm³,最低负离子个数比上筑路南多 225 个/cm³。乔—小乔—灌型、单侧种植乔木型最高负离子浓度的观测值为:1 121 个/cm³、894 个/cm³,相比硬质铺装型负离子浓度幅度分别达到:129％、103％。整体来看,除了没有绿化的上筑路南,产生负离子浓度最强的是两侧布置乔木型道路绿地,乔—小乔—灌型道路绿地次之,最后是单侧乔木型道路绿地。通过图 5-25 的对比可知,不同植物构成的步行道路空间负离子浓度状况明显不同,植物越多空气负离子浓度越高,郁闭度越大越能更好地保持负离子浓度。

表 5-23　步行道路绿地空间 3d 平均最高、最低负离子浓度对比

编号	观测环境	最高负离子浓度		最低负离子浓度	
		观测值（个/cm³）	相对值[①]	观测值（个/cm³）	相对值
2-4	硬质铺装道路	870	100％	520	100％
2-1	乔（两侧种植）	1 237	142％	745	143％
2-2	乔（单侧种植）	894	103％	610	117％
2-3	乔—小乔—灌	1 121	129％	649	125％

注:①以 2-4 硬质铺装道路的负离子浓度值为基准计。

3. 讨论

本章节对个体、场地、环境各自的因素分别进行了研究。个体发生的步行活动只是一种形式，而步行道路空间是一个载体。只有当个体、场地和环境结合起来，才能赋予步行道路更多内涵和价值，才是一个充满生机、以人性化维度为主的城市公共空间。

1）步行道路绿地空间的场地因素

通过对 4 个道路的场地观测，主要对其空间形态和植物构成进行讨论。从空间形态来讲，几条道路呈直线型分布，连接了社区、学校、交叉路口，紧凑而均匀，满足了步行者交通的需求，提高了步行效率。从植物构成来讲，充分发挥高大乔木的景观与功能优势，既补充了城市的绿色，又强化了步行空间的围合感，提升步行环境的质量，营造了相对独立安全又视线开敞的空间。根据步行道路连续性、空间辨识度、过街安全感 3 项舒适性指标[110] 来考量研究的 4 条街道的场地环境基本符合要求。

2）步行道路绿地空间的个体因素

通过感知分析得出，在高密度城市中，人与周围社区、洁净的空气、便捷可达的步行活动、步行中愉悦的体验、观察并获取信息等感知，比起简单的步行更有意义。根据 5 个维度的感知偏好统计量分析，排在最前的 3 个感知均为"个人维度"下的："我经常使用步行道路"（M=4.43，SD=0.544）、"只要气候、时间和距离允许，我愿意在步行道路空间中行走或短暂驻足"（M=4.25，SD=0.650）、"我支持城市里多规划步行道路"（M=4.22，SD=0.780）。对于步行者来说，日常频繁的通行是最主要的。只有当道路空间的质量理想时，才会发生自发性的活动和社会性的活动，否则就只有一些必要性的活动。但必要性的活动是其他活动发生的起点。因此，空间质量决定了使用步行道路空间的意愿以及空间的活力。仅仅创造出离人们近处的道路空间是不够的，还必须为人们在空间中活动、流连并参与广泛的社会及娱乐性活动创造适宜的条件。

3）步行道路绿地空间的环境生态因素

不同结构的步行道路空间对温湿效应差异有影响，有绿化的道路温湿效应一方面受到郁闭度的影响，同时也受绿地的通透性的影响。测试结果证明，3 个不同绿化构成的道路在日温差变化幅度小于硬质铺装。冬季道路空间的温湿效应影响因素主要是局部小气候的稳定性。这一结果为进一步证明在冬季人行步道绿化空间的降温增湿生态效应评价的合理性提供证明。在光照度的影响方面，有绿化的步行道路空间，能有效吸收和阻挡光照，为行人提供遮阴作用，平衡了植物生长与改善环境的作用;相同的外部环境条件下,4条道路相比,植物越多郁闭度越大,空气负离子浓度越高。

5.2.5 步行路设计建议和成果

1.场地、个体、环境生态因素的设计建议

人行步道并不只是行人通行的过道。社会评论家、社会学家和城市设计师一致认同"步行道路"是一个社会空间。本研究认为步道是高密度城市人们户外活动的综合性空间,应该通过多样化的设施和细节要素使道路空间更舒适和愉悦。要将社会、物质环境、个体和物理环境综合考虑(见表5-24)。

表 5-24 步行道路绿地空间场地、个体及环境生态因素的设计建议

场地特点或研究发现		结论	设计建议
场地因素[①]	乔—小乔—灌结构的人行步道绿地空间	增湿降温,调节小气候,净化空气,减弱噪声、减少径流,防风等多重功能,提供围合感较强的空间	天然绿色屏障,根据风向、日照时间设计活动
	乔木构成的人行步道绿地空间	降温,增湿,调节小气候,净化空气,涵养水源,视线较为开阔	无尘土,引进新鲜空气
	硬质铺装为主的人行步道绿地空间	吸收积聚大量的热辐射,使地面温度上升,影响降雨的渗透,整年使用,坚硬,耐久,维护成本低	雨后能更快使用而无积水、可用于特殊目的的设计(超高密度社区、人流量大、空间限制)
个体因素[②]	我经常使用步行道路	对功能的需求	创造通行、交往、娱乐、休息、参与活动等功能
	只要气候、时间和距离允许,我愿意在步行道路空间行走或短暂驻足	可达性、便捷性有助于提高使用率	提高便捷度,明确的功能设置及舒适性
	我支持城市里多规划步行道路	对步行道路空间的使用需求	充分考虑步行道路空间的必要性
	每个居住区周边都应该有若干条步行道路	设置合理且达到一定数量	形成网络,集中、相连
	我希望同时具备步行交通和逗留休息的良好空间	对空间质量的多维度要求	提高舒适度,使植物和公共设施高质量
	有高大的绿色植物为主的步行道路空间很有吸引力	偏好更具自然气息的绿色空间	植物形态丰富、常绿

场地特点或研究发现		结论	设计建议
环境生态因素	空气温度效益	硬质铺装道路→两侧布置乔木的道路绿地→单侧乔木的道路绿地→乔—小乔—灌道路绿地	根据降温幅度选择植物构成
	相对湿度效益	硬质铺装道路→两侧布置乔木的道路绿地→乔—小乔—灌道路绿地→单侧乔木的道路绿地	根据气候条件决定是否需要增湿或保持干燥
	光照度效益	硬质铺装→单侧乔木的道路绿地→两侧布置乔木的道路绿地→乔—小乔—灌道路绿地	根据植物的需求及空间功能考虑遮挡或引进光照
	负离子浓度效益	两侧布置乔木的道路绿地→乔—小乔—灌道路绿地→单侧乔木的道路绿地→硬质铺装道路	任何能增加负离子浓度的植物都是有益的

注：①取 3 个有代表性的道路绿地空间进行讨论；②取 5 个维度中排在前 6 的偏好进行讨论。

2. 设计作品

本节在关于步行道路绿地空间分析时，采用结构化观察的方法参与研究，对 4 个步行道路绿地进行了场地空间中人群行为方式的观察，在此基础上设计了 5 个维度的感知偏好的问卷并在 4 个类型的步行道路空间对使用者进行了面对面的调研和回收；结合腾讯城市热力图数据平台基于位置的实时及每周该场地的人群密度进行统计；借助百度卫星图对研究地进行了尺度测量，用 AutoCAD 制图软件完成了平面图的绘制；明确了 4 个步行道路绿地中植物的调研统计和场地现状的拍摄；通过对场地环境光热及负离子浓度的实测和分析，验证 4 个类型的步行道路空间的生态效应状况；最后将步行道路有代表性的空间、感知偏好程度及场地空间的生态效应三者进行分类整理与总结，得出步行道路相关设计建议并应用于步行道路的设计成果之中。

设计采用了不同氛围作为连续性的空间体验，可以悠闲散步、休憩、购物、途经或别的公共活动，既能感受自然的景观性街道（见图 5-26～图 5-32，均由谭慧设计绘图），又能联系建筑和商业的街道，为穿越城市的步行道提供高品质的体验感。

街道为人们提供了丰富的户外活动和交流场所，同时也是诸多城市空间形态中对人们的生活、工作和日常活动影响最大的一种空间。人们在这里交流信息、相互以邻里相称，展示出一种热闹的人文景观和亲切的生活气息。

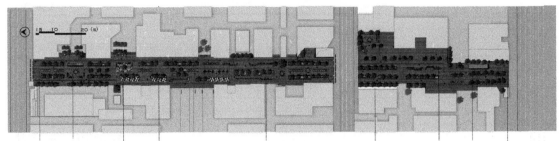

入口节点 围合感的 嬉戏 休憩和观察 引人注目的多功能空间 感受自然的林荫道 休息区 水景 入口
休息区

图 5-26 平面布置图

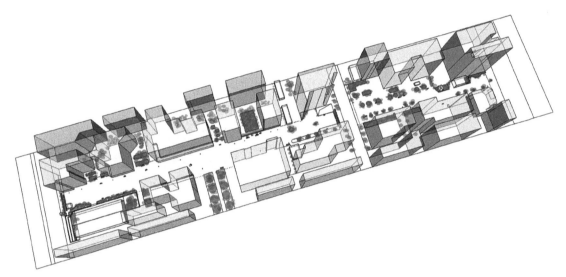

图 5-27 景观区位图

图 5-28 植物配置空间设计

图 5-29　市民活动交流空间设计

图 5-30　儿童活动空间设计

图 5-31　通行、交流空间设计

图 5-32　通行、交流空间设计

5.3　垂直绿化微景观

　　垂直绿化不占土地面积,是高密度城市增加绿化和改善生态环境的有效手段。城市人口多,高层建筑林立,垂直绿化模式是从原来的平面绿地绿化模式基础之上慢慢演变产生的城市绿化模式[109]。它不仅能增加垂直化的景观艺术效果,还提供了新的审美,使各种界面与植物相结合。垂直绿化的优势在于将空间立体化利用,增加生态容量和绿色斑块的连接度,形成网状结构,平衡城市绿化率不足的问题,同时强化了场所的感知力度,丰富人们的感官体验,拓宽人们接近绿色的机会。垂直绿化营造的空间为人们提供了新的生活、休闲场所,为城市绿化建设开辟了新的途径。垂直绿化对改善城市生态环境具有重要作用,通过生态绿化隔热技术,与外界形成一个过渡空间,根本改善热环境,特别是能调节及减少建筑空调负荷,将建筑节能和生态绿化结合在一起,形成遮阳、隔热的"生态绿墙"[110]。城市中的各种垂直化的构筑物根植于自然环境中,温度、湿度和日照引起空间的温度变化。比如建筑外墙作为室内外环境的交互媒介,直接影响建筑能耗水平。传统的保温隔热技术只考虑增强建筑外围护结构的隔热能力,以提高建筑外围护结构的外表面温度作为代价,而忽略了环境的散热状况。太阳辐射热仅仅是被阻挡在建筑外表面或转移到外环境中去,从而导致了室外环境温度升高,强化了城

① 李敏.论城市绿地系统规划理论与方法的与时俱进[J].中国园林,2002(5):63～69.
② 狄育慧,林鹏,王智鹏.绿色垂直绿化建筑室内热环境分析[J].西安建筑科技大学学报(自然科学版),2014,46(4):554～556.

市热岛效应,造成城市气候和空气污染物的扩散和迁移等环境品质的恶性循环[111]。本研究中的"垂直绿化"指的是依附于建筑外立面,具有美化建筑外表面、节能降耗和改善微环境等功能[112]。垂直绿化一般采用标准化的模式,主要由单元模块、灌溉系统和结构系统三部分组成。垂直绿化安装简便、易装易拆,是科学、技术与生态的综合体现,它的推广使用在高密度城市具有非常重要的价值和意义。

目前关于垂直绿化的施工技术[113~117]、植物应用[118]以及能耗分析等已有一些研究,但在高密度城市背景下,对垂直绿化的场地因素、个体因素以及对建筑外墙的光热等生态效应的测定影响相结合的研究较少。广州大部分的垂直绿化主要依附于建筑外立面,常见于商场、办公楼、地铁口、步行街等公共空间。本章节通过前期调研,结合垂直绿化的规模和植物品种的多样化,用腾讯城市热力图数据平台基于位置的实时及每周该场地的人群密度进行统计(见图5-33),最终选取位于天河区中轴线上的商业区垂直绿化环境为研究对象,研究地人流密度大,垂直绿化维护水平高,植物长势好。关于垂直绿化空间的研究有3个方向,分别是:场地(结构、绿化、环境空间特征)、居民使用空间的情况(5个维度的感知偏好)和场地的生态效应测定。进而得出相关的适合气候、功能及居民偏好的垂直绿化空间的相关性设计建议。为提高高密度城市垂直绿化空间的生态效应,拓展绿地模式,创造具有吸引力的公共空间和多样化的垂直绿化提供理论依据。

① 李娟.建筑物绿化隔热与节能[J].暖通空调,2002,32(3):22~23.

② 吕伟娅,陈吉.模块式立体绿化对建筑节能的影响研究[J].建筑科学,2012,28(10):46~50.

③ 陈勇苗.垂直绿化的施工技术[J].建筑施工,2012(11):1114~1115.

④ 叶子易,胡永红.2010年世博主题馆植物墙的设计和核心技术[J].中国园林,2012(2):76~79.

⑤ 李海英.模块式墙体绿化技术[J].建筑实践,2015(3):54~58.

⑥ 魏永胜,芦新建,赵廷宁.不同朝向的五叶地锦对墙体的降温效果及生理机制[J].浙江林学院学报,2010,27(4):518~523.

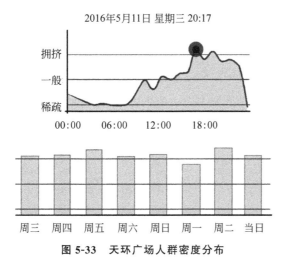

图5-33　天环广场人群密度分布

5.3.1　研究地的环境与现状

1. 研究地的环境概况

研究对象地处东经 113°19′,北纬 23°8′,位于广州市天河区天环广场(见图 5-34)。天环广场总建筑面积 11 万 m²,包括地上两层、地下三层,地上建筑面积约 2 万 m²,地下建筑面积约 9 万 m²。广场建筑外墙通过多层的模块垂直绿化营造"城市公园"的绿色概念,垂直绿化呈多种形态遍布在建筑的外立面、平台和屋顶花园。图 5-35 中标注的 A-G,是几个代表性垂直绿化(长势好、有一定规模)的分布点,G 点是研究地所在区域。

图 5-34　天环广场垂直绿化场地分布

2. 研究地构建现状

在对场地内垂直绿化做了现状调研后(见图 5-35),总结出其结构以模块式为主,均以规则的竖向组合排列,每个单元面积从 5～500m² 之间不等。主要的植物为多年生常绿灌木或小乔木,这些植物大部分都喜温暖、潮湿、半阳的生长环境(见图 5-36、表 5-25)。

选择的研究对象位于天环广场东侧西北向无窗建筑外墙(图 5-35):G 点,该面墙体为连续 3 块相同的垂直绿化与 2 块建筑裸墙相结合的建筑表皮。对面积在 30～50m² 相邻的垂直绿化和裸墙,各选取一部分进行研究。

图 5-35　天环广场垂直绿化现状

图 5-36　天环广场垂直绿化植物现状

表 5-25　天环广场垂直绿化植物构成

编号	学名	生长习性
1	鸭脚木 *Schefflera octophylla*	多年生常绿灌木,喜温暖、湿润、半阳环境
2	花叶鸭脚木 *Schefflera odorata "variegata"*	多年生常绿灌木,喜温暖、湿润、半阳环境
3	肾蕨 *Nephrolepis auriculata*	多年生常绿草本植物,喜欢温暖潮润和半阴的环境
4	花叶假连翘 *Duranta erecta 'Golden Edge'*	多年生常绿灌木或小乔木,性喜高温,耐旱
5	米仔兰 *Aglaia odorata*	多年生常绿灌木或小乔木,幼苗时较耐荫蔽,长大后偏阳性;喜温暖、湿润的气候,怕寒冷
6	变叶木 *Codiaeum variegatum*	多年生常绿灌木或小乔木,喜高温、湿润和阳光充足的环境,不耐寒
7	三色千年木 *Dracaena marginata Tricolor*	喜高温多湿环境,耐旱也耐湿,温度高时生长旺盛,忌阳光暴晒,不耐寒冷
8	细叶变叶木 *Codiaeum variegatum*	多年生常绿花灌木,性喜温暖湿润及柔而充足的光照,怕北方的狂风烈日,不耐寒
9	金边六月雪 *Serissa japonica "Aureomarginata"*	多年生常绿或半常绿丛生小灌木,性喜温暖湿润的气候条件,抗寒力不强,冬季温室越冬需要在 0℃以上
10	栀子花 *Gardenia jasminoides*	多年生常绿灌木,喜温暖湿润和阳光充足环境,较耐寒,耐半阴,怕积水

　　研究对象绿化构造和各构件的重量如图 5-37 和表 5-26 所示,裸墙采用外挂(干挂式)20mm 厚花岗石外饰面的形式。垂直绿化整体荷载较低,相比花岗石外墙具有安全、防晒、保水透气、可天然降解的特性。垂直绿化单元重量比外挂石材重量更轻,支撑体系更为便捷,无需搭设辅助设施。将拼装好的模块整合在 2mm 橡胶背板上,通过六角螺栓将其固定在 1.2mm 钢板上,钢板由方钢支撑体系支撑,搭建完成后的模块内放入培植成型的植物。对生长良好的带有根系介质一体化的植物进行实际测量,结合构件的总重量,可以得到垂直绿化的总竖向荷载约为 46.61kg/m²。每个种植模块为 150×120×150mm,间距为 90mm。种植模块下方留有直径 2cm 的滴水管,连通整个垂直绿化中的种植模块,供水均匀平衡,起到排水和透气的作用。最低端设置水槽,固定在地面上,水槽按照 1mm 钢板计算每平方米约 4.32kg/m²。其幕墙采用 50×50×4(mm)的钢龙骨作为主支撑结构形式,以满足自身荷载及绿化模块荷载的要求。

　　该模块栽植的植物主要有:鸭脚木(*Schefflera octophylla*)、孔雀木(*Dizygotheca elegantissima*)、肾厥(*Nephrolepis cordifolia*)、细叶变叶木(*Codiaeum variegatum*)、花叶鸭脚木(*Schefflera odorata* "*variegata*")。

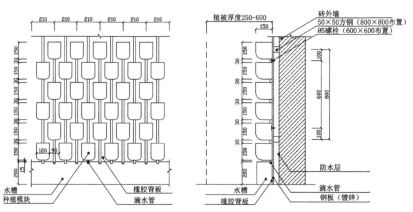

图 5-37　天环广场垂直绿化立面结构图

表 5-26　垂直绿化结构构件重量

构件	重量
50×50×4(mm)方钢	5.56kg/m
5 螺栓	—
1.2mm 钢板	9.42kg/m²
2mm 橡胶背板+1mm 种植模块	4.5kg/m²
PVC 滴灌水管	—
植物、种植土	0.58kg/个
总重	46.61kg/m²

5.3.2 材料与方法

1. 垂直绿化空间感知偏好研究

在选好的垂直绿化场地周边,于 2016 年 5 月,首先通过结构化观察做了预调查笔记,即选择一个视野最佳观察点,记录经过垂直绿化的人们的各种活动情况(田野笔记),在平日和工作日,各进行 6 次 15min 的记录。从 8:00 到 18:00,每 2h 直接观测一次。通过观测笔记,设计了 5 个维度的调研问卷。研究的内容是以每个维度及其相关变量:审美、物理、知识、社会和个人(见图 5-38)作为评价方式,运用李克特(Likert scale)量表测量多维度的概念或态度,统计受访者的赞成程度和偏好取向。用均值和标准差统计受访者的平均赞成程度和离散程度。问卷中的问题能够代表垂直绿化环境下的空间感知特征。在这个模型中,均值越高,代表的感知程度越高;标准差越小,代表受访者之间的认同差距越小。

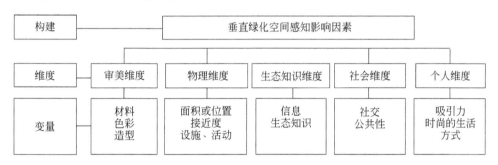

图 5-38 垂直绿化空间感知综合模型

2. 垂直绿化空间生态效应研究

在具体的实验中,考虑到数据的代表性和连续性,采用了 3 点观测法进行观测,空气温度、湿度及光照度在垂直绿化和裸墙壁的中心线上选取测定点,间隔 0.5m 设定另外 2 个观测点,共 3 个观测点;空气负离子浓度观测在距离垂直绿化和裸墙壁 0.5m 处选取测定点,与温度、湿度及光照度测定点在同水平一高度,共设 3 个观测点。具体位置及各测定点的布置如图 5-39 所示。观测距离地面 0.5m 为第一测定点,然后沿着该点的高度最高均为距离地面 1.5m 处,这个高度是标准气象百叶箱测温湿的高度,可以很好地代表人类活动范围的微气候状况。

测定时间选在对市民工作与生活影响较大的白天进行。于 2016 年的 6 月进行,选择晴好无风的气候条件下连续测量 3d(20 日、21 日、23 日),测量时段为每天的 8:00～18:00,每 2h 分别对垂直绿化、裸墙各观测点的空气温度、相对湿度、光照强度和空气负离子浓

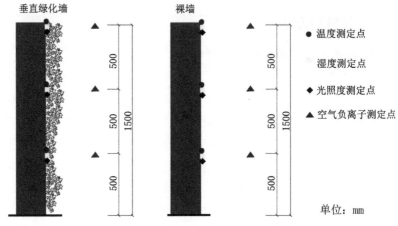

图 5-39　垂直绿化与裸墙观测点分布图

度进行同步测定(空气温度、相对湿度及光照强度,每个测量时间点平行测量 3 次;空气负离子浓度每个观测点采气 10min,间隔 1s 读数一次,测量仪的进气口方向保持一致),取每个测量点在 3d 中测得的9 个数据的平均值作为该测量点的观测值。

5.3.3　实验数据的采集

实验数据的采集(同第 5 章 5.1.3 节)。

5.3.4　结果与分析

1. 居民使用垂直绿化空间的分析

受访者特征:在天环广场东侧西北向无窗建筑垂直绿化外墙附近,相似的天气情况下对 360 个不同年龄层(青少年占 24%,成年人63%,老年人占 13%)的受访者做了面对面的访问与记录。大部分受访者是本地人(男 59%,女 41%);9% 是景观特色吸引,34% 是购物,10% 是摄影爱好者,29% 是交友,10% 看街景,8% 是闲逛。在职业、收入和教育程度占比例较大的是:65% 的受访者处于就业状态,29% 的受访者收入在￥1800～3000 之间,38% 的受访者是大学教育程度。

1) 从美学维度评估垂直绿化的感知偏好

通过 360 份问卷的统计结果显示,在美学维度下(见表 5-27)"以绿色为主的垂直绿化"(M=4.17,SD=0.791)是受访者最强的感知需求,其次是"建筑的一个外立面有垂直绿化更具美感"(M=4.07,SD=0.961)。排在第三、第四的感知偏好是"色彩斑斓的垂直绿化更具美感"(M=3.65,SD=0.992)和"点缀艺术品的垂直绿化更具美感"(M=3.57,SD=1.100)。对于"整个建筑被垂直绿化覆盖更具美感"

的同意度较低(M＝2.56,SD＝0.865)。根据得分的差异可以看出受访者对垂直绿化在审美维度的侧重点和主导因素。这个维度从绿化类型、绿化造型和绿化效果三个方向对受访者的感知进行判断。造型、颜色和视觉息息相关,也是最容易接受信息的感知器官,人们对景观的理解最早始于视觉美学,所以景观视觉感受不可忽视。

表 5-27　美 学 维 度

维度	构建	变量					统计量	
		非常同意	同意	不一定	不同意	非常不同意	均值(M)	标准差(SD)
美学维度	色彩斑斓的垂直绿化更具美感	72	144	102	31	11	3.65	0.992
	以绿色为主的垂直绿化更具美感	138	163	53	4	2	4.17	0.791
	有明显图案的垂直绿化更具美感	67	155	74	43	21	3.57	1.100
	造型有变化的垂直绿化更具美感	38	129	141	47	5	3.41	0.897
	点缀艺术品的垂直绿化更具美感	65	102	182	6	5	3.60	0.848
	建筑一个外立面有垂直绿化更具美感	132	158	43	17	10	4.07	0.961
	整个建筑被垂直绿化覆盖更具美感	9	12	203	85	51	2.56	0.865

2) 从物理维度评估垂直绿化的感知偏好

如表 5-28 所示,物理维度对感知是一个重要的衡量因素,受访者普遍认为"垂直绿化增加了城市绿化面积"(M＝4.04,SD＝0.954),并且会因此而多逗留(M＝3.47,SD＝1.015)。"垂直绿化比例、尺度合适、具有良好的感官接触"也是垂直绿化空间吸引力的一个因素(M＝3.37,SD＝1.018),受访者对于"在生活和工作的附近能见到垂直绿化"同意度不高(M＝2.62,SD＝1.186),说明城市垂直绿化的不足,从另一个方面也能看出人们对垂直绿化的需求。

3) 从生态知识维度评估垂直绿化的感知偏好

如表 5-29 所示的 M 值和 SD 分析表明,受访者对"垂直绿化能降低建筑能耗"(M＝4.0,SD＝0.923)、"垂直绿化能形成小型生态环境"(M＝4.0,SD＝1.014)、"能吸收雨水、减少径流"(M＝3.44,SD＝1.174)这几个因素的同意度较高,表明了受访者对垂直绿化的生态知识认知程度。垂直绿化在节能减排、雨水的收集、减少建筑材料的运输和施工费用等方面能促进绿色建筑发展,是改善城市环境的有效途径之一。

表 5-28　物 理 维 度

维度	构建	变量					统计量	
		非常同意	同意	不一定	不同意	非常不同意	均值(M)	标准差(SD)
物理维度	在我生活和工作的附近能见到垂直绿化	32	53	81	133	61	2.62	1.186
	我会因为垂直绿化而多逗留几分钟	66	105	127	56	6	3.47	1.015
	垂直绿化增加了城市绿化面积	132	141	61	20	6	4.04	0.954
	垂直绿化比例、尺度合适,具有良好的感官接触	58	90	152	47	13	3.37	1.018

表 5-29　生态知识维度

维度	构建	变量					统计量	
		非常同意	同意	不一定	不同意	非常不同意	均值(M)	标准差(SD)
生态知识维度	垂直绿化能保护建筑	43	78	165	62	12	3.22	0.978
	垂直绿化能降低建筑的能耗(例如降温、增湿等)	107	184	39	22	8	4.00	0.923
	垂直绿化能形成小型的生态环境(例如过滤粉尘、释放氧气、降低噪声)	142	117	64	34	3	4.00	1.014
	能吸收雨水,减少径流	73	112	105	40	30	3.44	1.174

4) 从社会维度评估垂直绿化的感知偏好

社会维度下的统计显示(见表 5-30),对垂直绿化认同度最高的是"城市景观重要的组成部分"(M=3.81,SD=1.036),其次是"垂直绿化能创建标志性地标"(M=3.78,SD=1.016)、"有垂直绿化的地方,空间更有活力"(M=3.73,SD=0.766)。对垂直绿化普遍持积极态度。垂直绿化作为较新颖的景观形式构成了对特定场所形象的记忆,形成可识别的空间单元。

5) 从个人维度评估垂直绿化的感知偏好

人是景观中最主要的参与者、受益者,因此人的感受才是评价景观品质的最主要的也是最重要的参考标准。均值越高,代表的感知程度越高。在个人维度(见表 5-31)下,最重要的三个感知程度依次为"支持城市多设置垂直绿化"(M=4.41,SD=0.702)、"认为垂直绿化很有吸引力"(M=3.82,SD=0.750)、"垂直绿化使城市更健康"(M=3.78,SD=0.916)。垂直绿化对一个可持续的城市的特色具有促进作用,带来巨大的生态和文化效益。

表 5-30　社 会 维 度

维度	构建	变量					统计量	
		非常同意	同意	不一定	不同意	非常不同意	均值(M)	标准差(SD)
社会维度	是城市景观的重要组成部分	99	145	80	21	15	3.81	1.036
	是公共空间重要的象征	38	77	127	87	31	3.01	1.107
	有助于社交和互动	67	108	133	41	11	3.50	1.018
	创建标志性地标	89	155	73	32	11	3.78	1.016
	有垂直绿化的地方,空间更有活力	65	139	151	5	0	3.73	0.766

表 5-31　个 人 维 度

维度	构建	变量					统计量	
		非常同意	同意	不一定	不同意	非常不同意	均值(M)	标准差(SD)
个人维度	我认为垂直绿化很有吸引力	56	198	92	12	2	3.82	0.750
	我支持城市里多设置一些垂直绿化	187	136	33	4	0	4.41	0.702
	我认为垂直绿化能使建筑增添魅力	68	172	85	25	10	3.73	0.939
	垂直绿化使城市更健康	75	169	87	21	8	3.78	0.916
	我愿意在垂直绿化附近来拍照、看手机、交谈或眺望	59	170	76	38	17	3.60	1.032

2. 垂直绿化空间生态效应分析

1) 垂直绿化与裸墙对建筑外墙温度的影响

如图 5-40 所示,垂直绿化与建筑裸墙的总体温度变化趋势基本一致,垂直绿化较之裸墙表面温差变化平缓。最高温度均出现在 14:00~16:00 之间,裸墙最高温出现在 14:00,垂直绿化最高温出现在 16:00。这是因为研究对象为西向墙,在这个时间段受到太阳辐射最大。综合来看,垂直绿化在白天平均温度低,起到较好的建筑节能效果,具有降温和改善微环境的生态效应,减小西晒对建筑墙体的影响。

如表 5-32 所示,在距离地面不同高度处,裸墙的最高温度及最低温度均比垂直绿化高。距离地面 1.5m 的裸墙最高温度为 36.9℃,最低温度为 30.1℃,比垂直绿化的最高温度和最低温度高 4.5℃、1.9℃,垂直绿化的降温幅度为 12%。同一高度面 1m、0.5m 的垂直绿化的最高温度比裸墙低 4.8℃、5.1℃,降温幅度为 13%、14%,最低温度比裸墙低 2.0℃、2.9℃。3 个不同高度的裸墙和垂直绿化观测温度对

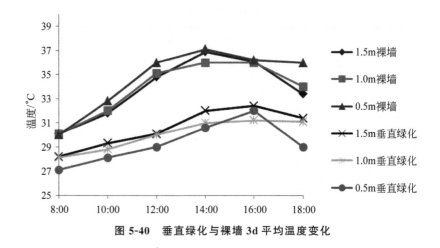

图 5-40　垂直绿化与裸墙 3d 平均温度变化

比说明，在能耗大的夏季，垂直绿化在温度调节显然是优于传统裸墙的。

表 5-32　垂直绿化与裸墙 3d 平均最高、最低温度对比

观测环境	最高温度		最低温度	
	观测值（℃）	相对值[①]	观测值（℃）	相对值
1.5m 裸墙	36.9	100%	30.1	100%
1m 裸墙	36	98%	30.1	100%
0.5m 裸墙	37.1	101%	30	99%
1.5m 垂直绿化	32.4	88%	28.2	94%
1m 垂直绿化	31.2	85%	28.1	93%
0.5m 垂直绿化	32	87%	27.1	90%

注：①以距离 1.5m 处裸墙温度为基准计。

图 5-40 所示中的空气温度比较分析，垂直绿化在 12:00～18:00 时段降温极其显著。可见垂直绿化不管在哪个高度，对建筑外墙表面降温效果同样显著。不同高度的垂直绿化不仅有着较好的遮阳效果，而且将太阳的辐射热大部分吸收掉用于自身的蒸腾散热，使墙壁成为一个"冷源"，从而降低了墙面的温度。垂直绿化内的植物通过光合作用、蒸腾作用，致使植物加速生理代谢，消耗更多能量与水分，使得周围环境温度下降；土壤水分的蒸发与植物叶片水分的散失是产生降温的主要原因，尤其是在气温最高的时段，垂直绿化的降温效果尤为明显。

2）垂直绿化与裸墙对建筑外墙相对湿度的影响

垂直绿化与裸墙在不同高度处各时间段的相对湿度变化趋势如图 5-41 所示。各测点的相对湿度总体上与空气温度日变化相反，温度越高，相对湿度越低。在环境温度最高的 14:00～16:00 时，垂直绿

化与裸墙的相对湿度均为较低值。综合来看,垂直绿化的相对湿度比裸墙略高,说明垂直绿化有明显的增湿作用。原因在于垂直绿化形成一个类似隔离层的界面,与空气交换和对流运动慢,受环境大气的湿度影响较小,能够阻止水汽与外界的快速扩散。而裸墙较为开敞,没有形成围合遮挡,空气与外界交换频繁,水汽蒸发及消耗较快,空气湿度相对较低。

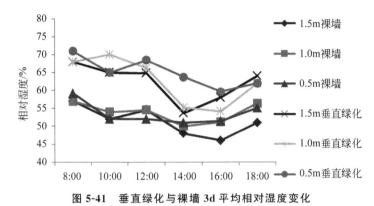

图 5-41　垂直绿化与裸墙 3d 平均相对湿度变化

如表 5-33 所示,不同高度处垂直绿化相对湿度均高于建筑裸墙。距离地面 1.5m 的裸墙最高相对湿度为 57%,最低相对湿度为 46%,比同一高度垂直绿化的最高和最低相对湿度低 11%、7.7%,垂直绿化的增湿幅度为 19%;距离地面 1m 的垂直绿化其增湿幅度为 23%;距离 0.5m 的垂直绿化增湿幅度为 21%。从垂直绿化的相对值可看出,增湿幅度排序为:距离地面 0.5m 的垂直绿化→距离地面 1m 的垂直绿化→距离地面 1.5m 垂直绿化。

表 5-33　垂直绿化与裸墙 3d 平均最高、最低相对湿度对比

测点位置	最高相对湿度		最低相对湿度	
	观测值(RH%)	相对值[①]	观测值(RH%)	相对值
1.5m 裸墙	57	100%	46	100%
1m 裸墙	57	100%	50	109%
0.5m 裸墙	59.2	104%	51	111%
1.5m 垂直绿化	68	119%	53.7	117%
1m 垂直绿化	70	123%	55.2	120%
0.5m 垂直绿化	71	125%	59.6	130%

注:①以距离 1.5m 处裸墙的相对湿度为基准计。

图 5-41 说明垂直绿化所构成的环境具有较为显著的增湿效应。尽管垂直绿化在改善空气湿度方面具有空间差异性,尤其是在局部小范围表现明显,在城市区域上影响微弱,但这对人们的户外活动是

十分有益的,特别是在夏季,垂直绿化能降低气温,缓解热量的影响,在降温增湿方面发挥着重要作用,在增加绿量的同时可以间接减少外来能输入,从另一个途径来缓解城市的热岛效应。

3) 垂直绿化与裸墙对建筑外墙光照环境的影响

如图 5-42 所示,光照较弱是 8:00 时,随着温度的上升光照强度差值逐渐增大,14:00 时光照强度达到峰值,随后开始下降,18:00 时达到较低值。通过对垂直绿化与裸墙在不同时间段的多重比较分析可知,随着白天温度的升高,两者之间的光照强度差异愈加明显。尤其是12:00~16:00,光照强度差异最突出。裸墙几乎没有遮光效应,而一定面积的垂直绿化,能有效吸收和阻挡光照和调节大气湿度使周围气温降低。对太阳辐照的遮挡作用改变了墙外表面的温度,间接减少外来能的输入,对缓解城市的热岛效应具有实际意义。建筑室外光环境具有复杂多变性,光照受太阳入射角、天气状况、建筑高度和材料等多种因素的影响。

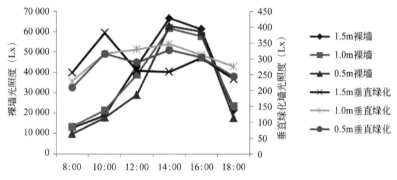

图 5-42　垂直绿化与裸墙 3d 平均光照强度变化

垂直绿化与裸墙的最高光照强度和最低光照强度如表 5-34 所示,垂直绿化明显低于裸墙在各高度的光照强度。距离地面 1.5m、1m、0.5m 的垂直绿化最高光照强度的观测值为:382Lx、347Lx、328Lx,相比裸墙光照强度的遮光幅度分别达到:99.4%、92.5%、93.5%。各测点的垂直绿化最低光照值与裸墙最低光照值相比,遮光效果都很明显。表明垂直绿化的植物空间配置方式和生长状态决定了光照效应,绿色植物能够吸收、反射并遮挡光照,借助自身的光合作用将太阳能转化为化学能,使到达建筑墙面的光照显著减少。

4) 垂直绿化与裸墙对建筑外墙空气负离子的影响

如图 5-43 所示不同高度的裸墙空气负离子浓度含量与垂直绿化相比整体上普遍偏低,随着温度的升高,空气负离子含量呈下降趋势。在 8:00,裸墙和垂直绿化周围均出现一天中的最高值,0.5m 处的垂直绿化周围负离子浓度最高,这是因为受垂直绿化最下端的蓄水槽以及附近地面的水池影响,动态水是重要的空气负离子源,离水

表 5-34　垂直绿化与裸墙 3d 平均最高、最低光照强度对比

测点位置	最高光照度		最低光照度	
	观测值(Lx)	相对值①	观测值(Lx)	相对值
1.5m 裸墙	66 610	100%	12 585	100%
1m 裸墙	61 656	93%	13 270	105%
0.5m 裸墙	62 891	94%	9 789	78%
1.5m 垂直绿化	382	0.6%	236	2%
1m 垂直绿化	347	0.5%	229	2%
0.5m 垂直绿化	328	0.5%	209	2%

注：①以距离 1.5m 处裸墙光照度为基准计。

体越近,空气负离子浓度越高[117]。在 18:00,空气负离子明显较低,因为这个时间是一天中人流最为密集的时刻。观测表明,天环广场空气负离子浓度平均值高于广州绿地空气负离子浓度的平均值(426 个/cm³)。负离子浓度是评价空气质量的重要指标[118],垂直绿化为空气负离子的产生提供了良好的环境。

① 曾曙才,苏志尧,陈北光.广州绿地空气非离子水平及其影响因子[J].生态学杂志,2007,16(7):1049～1053.

② 穆丹,梁英辉.城市不同绿地结构对空气负离子水平的影响[J].生态学杂志,2009,28(5):988～991.

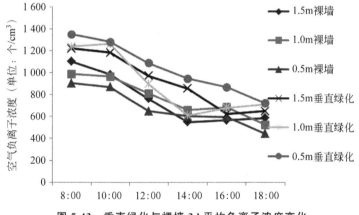

图 5-43　垂直绿化与裸墙 3d 平均负离子浓度变化

　　垂直绿化与裸墙的最高负离子浓度和最低负离子浓度如表 5-35 所示,垂直绿化明显高于裸墙在各高度的负离子浓度。距离地面 1.5m、1m、0.5m 的垂直绿化最高负离子浓度的观测值为:1 220 个/cm³、1 265 个/cm³、1 350 个/cm³,相比 1.5m 裸墙负离子浓度幅度分别达到:111%、115%、123%。各测点的垂直绿化最低负离子浓度与裸墙最低负离子浓度相比存在差异。这是由于植物进行光合作用会释放大量氧气,植物的蒸腾作用产生大量水汽,氧气和水汽容易离化产生自由电子,同时氧气和水汽分子也最易捕获自由电子而形成负离子。所以垂直绿化空间的负离子浓度明显高于裸墙空间。

表 5-35　垂直绿化与裸墙 3d 平均最高、最低负离子浓度对比

测点位置	最高负离子浓度		最低负离子浓度	
	观测值(个/cm³)	相对值①	观测值(个/cm³)	相对值
1.5m 裸墙	1 100	100%	550	100%
1m 裸墙	987	90%	523	95%
0.5m 裸墙	903	82%	443	81%
1.5m 垂直绿化	1 220	111%	621	113%
1m 垂直绿化	1 260	115%	610	111%
0.5m 垂直绿化	1 350	123%	720	131%

注：①以距离 1.5m 处裸墙负离子浓度为基准计。

3. 讨论

1）垂直绿化空间的场地因素

天环广场的 6 处垂直绿化现场调研显示，尽管垂直绿化的面积相比街头绿地和步行道路绿化更微小，但其常绿的植物、从地面垂直延伸到高空的布局、有艺术造型的界面，对人们产生了强大的吸引力，从流连于垂直绿化区域拍照和逗留人群的场景可以看出，垂直绿化系统对一个场地空间的吸引力作出了重大贡献，加强了建筑和环境、人群的联系，影响人的活动兴致和商业行为，赋予建筑勃勃生机。其外观随季节的变化而变化，创建了标志性的城市新型绿化地标。

2）垂直绿化空间的个体因素

由感知偏好的统计可知，5 个维度中赞成程度最高的前 6 个偏好依次为："支持城市多设置垂直绿化"（M＝4.41，SD＝0.702）、"以绿色为主的垂直绿化更具美感"（M＝4.17，SD＝0.791）、"建筑一个外立面有垂直绿化更具美感"（M＝4.07，SD＝0.961）、"垂直绿化增加了城市绿化面积"（M＝4.04，SD＝0.954）、"垂直绿化能降低建筑能耗"（M＝4.0，SD＝0.923）、"垂直绿化能形成小型生态环境"（M＝4.0，SD＝1.014）。5 个维度超越了一般将垂直绿化场地的分析停留在物质及视觉层面，5 个维度所显示的感知接受程度，对理解垂直绿化空间很重要，有助于规划建设适合城市的垂直绿化公共空间，开展社会活动。此外，本章将垂直绿化看作行为特征和物质环境特征的结合，所使用的概念、理论架构的方法，是行之有效的，对其他类型的垂直绿化、环境和空间的理解、设计也将有益处。

3）垂直绿化空间的环境生态因素

本节通过对垂直绿化与建筑裸墙的温湿度、光照强度及负离子进行定量对比研究，发现：

垂直绿化的温度峰值明显低于裸墙。1.5m、1m、0.5m 处垂直绿化比同一高度裸墙最高能降温 4.5℃、4.8℃、5.1℃。垂直绿化随着空气温度的上升有显著降温效果；垂直绿化能够维持墙壁温度的稳定性，早晚温差变化幅度小。1.5m、1m、0.5m 处早晚间垂直绿化的温差为 4.2℃、3.1℃、4.9℃，裸墙为 6.8℃、5.9℃、7.1℃；1.5m、1m、0.5m 处垂直绿化相比裸墙的增湿幅度为 19%、23%、21%。相比裸墙，垂直绿化的光照强度最多能降低 99.4%。垂直绿化能提高环境的空气负离子浓度。

运用以上的方法对垂直绿化外壁表面温度、相对湿度以及光照强度的气候要素进行对比分析，可以定量把握其对室外热环境的影响。裸墙会导致建筑物的室内温度上升，这就需要降温系统降温，从而消耗更多的能源。垂直绿化通过增湿降温、阻挡光照强度来降低室内温度，可减少建筑能耗。研究发现，生态外墙可增大西向外围护结构的热惰性，对室内空气温度有削峰填谷作用，避免室内空气温度大幅变化，对夏季室内热环境改善效果良好，达到建筑节能目的[119]。据统计，垂直绿化建筑外墙在夏季室内温度每降低 1℃，空调能耗可降低 5%～10% 左右[123]。本研究也证明了垂直绿化具有改善微气候的显著功能，对改善城市生态环境有实际意义，是缓解热岛效应的有效手段。

① 李辰琦，潘鑫晨.基于数值模拟分析的生态绿墙环境效应[J].沈阳建筑大学学报（自然科学版），2014，30(2)：362～368.

5.3.5　垂直绿化设计建议和成果

1. 场地、个体、环境生态因素的设计建议

本节从空间、材料、人的环境感知与生态因素等方面对垂直绿化空间进行了研究分析。垂直绿化虽然只是建筑的一个小单元，但在高密度城市环境中，垂直绿化作为改善城市绿地不足的途径之一，研究其有助于寻求更有价值的体现和发展空间。垂直绿化在促进建筑的审美和生态效应方面有很强的潜力，作为一种具有生命力的、变化着的绿化载体，其为城市带来独特的审美，影响着过往的行人和场所的气氛，加强了与日常生活的联系，为增加城市特色，创造可持续的生态环境提供机会。然而，大部分的研究只把垂直绿化当作是建筑的表皮。设计垂直绿化时，应考虑场地、个人、环境等综合因素，为了创建一个审美、功能性和生态性并存的公共绿化空间，应给予垂直绿化更多的关注，使其具有普遍性、实践性以及良性发展的意义。垂直绿化的场地（材料构造、植物选择、空间形态）、感知偏好和生态系统共同作用于同一个物质空间，虽然目标不同，但彼此关联紧密并相互影响（见图 5-44）。

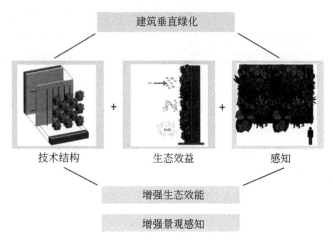

图 5-44　垂直绿化的技术、生态性和感知彼此关联、影响

2. 设计作品

本节在关于垂直绿化场地分析后,结合 5 个维度的感知偏好,对场地的环境属性的实测和分析,从空间属性、个体属性及空间环境属性三者进行讨论总结,进行了垂直绿化的设计表现(见图 5-45~图 5-48,表 5-36)。

广州地区雨热同季,降水丰富、日照时间长、冬短夏长的气候特征为其发展垂直绿化技术奠定良好的基础条件。通过合理的设置垂直绿化,更有利于增湿降温、遮挡太阳辐射,对恢复城市地区建筑环境的完整与可持续发展具有积极意义。在与其他系统互动和相互作用中必将积极地融合到社会环境中。

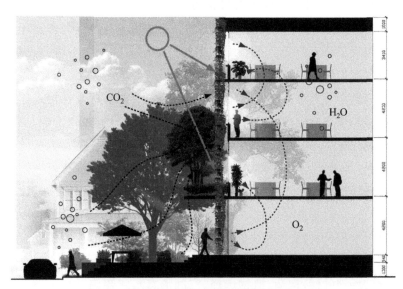

图 5-45　垂直绿化的生态效益表现(卢旭琛 绘)

图 5-46　垂直绿化的景观设计表现 1（卢旭琛 绘）

图 5-47　垂直绿化的景观设计表现 2（卢旭琛 绘）

图 5-48　垂直绿化的植物景观设计（卢旭琛 绘）

表 5-36　垂直绿化植物配置

编号	学名	生长习性
1	鸭脚木 *Schefflera octophylla*	多年生常绿灌木,喜温暖、湿润、半阳环境
2	花叶鹅掌柴 *Schefflera actionopylla "Variegata"*	多年生常绿灌木,喜温暖、湿润、半阳环境
3	肾蕨 *Nephrolepis auriculata*	多年生常绿灌木,喜温暖、湿润、半阳环境
4	花叶假连翘 *Duranta repens cv. variegata*	多年生常绿灌木或小乔木,性喜高温,耐旱
5	米仔兰 *Aglaia odorata. Loar.*	多年生常绿灌木或小乔木,幼苗时候耐荫蔽长大后偏阳性;喜温暖、湿润的气候,怕寒冷
6	变叶木 *Codiaeum variegatum*	多年生常绿灌木或者小乔木,喜高温、湿润和阳光
7	三色千年木 *Dracaena marginata Tricolor*	喜高温多湿环境,耐寒也耐湿,温度高时生长旺盛,忌阳光暴晒,不耐寒
8	细叶变叶木 *Codiaeum variegatum（L.）A.Juss*	多年生常绿花灌木,性喜温暖湿润及柔和而充足的光照,怕北方的狂风烈日,不耐寒
9	栀子花 *Gardenia jasminoides*	多年生常绿灌木,喜温暖湿润和阳光充足环境,较耐寒,耐半阴,怕积水

第6章 解析微绿地专题个案设计

本章将介绍一些经典并产生积极影响的微绿地建设实例。所选案例从使用、生态、可持续、社会价值等几个方面探讨高密度城市微绿地景观的设计效果和影响,尽管这些案例并不能涵盖高密度城市所有的微绿地景观类型和内容,但所归纳成的 5 类景观反映了新的环境巨变下,对缓解高密度城市的空间不足和人居环境改善具有一定的借鉴意义。

6.1 城市剩余空间的整合

剩余空间特指那些在城市建设和开发过程中,尚未利用的、可供继续使用的空间。例如建筑物之间的狭窄不规则的空间、被高架道路分割的空间、原有设施用途改变的、地形限制的、暂未利用的角落等。特别是城市中心区高架桥下大多荒废的空间。这些空间在城市中大量存在,如果将这些空间加以设计改造,它们会被赋予新的价值,焕发新的生机,将有机会建立新的空间网络来改善环境和城市系统,本节介绍的主题就是关于城市剩余空间的处理方式和表现效果。

6.1.1 桥下空间的利用

项目:The Bentway
地点:加拿大多伦多
时间:2018 年 1 月
设计:Public Work

1. 项目简介

高架桥能够有效缓解城市交通问题,但同时也占据了城市中的一部分空间。Bentway 项目位于多伦多 Gardiner 高速公路的桥下空间(见图 6-1),这个原本缺乏合理规划的空间被设计转换成为一个焕发生机和高使用率的共享公共空间。体现了在密度迅速提高的城市中对剩余空间的重新定义,建立积极利用的公共体验空间环境的可能性。设计考虑了微气候、生态效益、当地文化、历史和社区环境。

图 6-1　区位图(郭振宇 绘)

2. 设计概念

这条高速公路的底部空间被塑造成一段充满活力的市民休闲共享空间,并成为了居民真正需要的公共体验空间。设计之初向社区市民发布并邀请他们参与设计的概念和框架内容,目的是将这个公共空间设计与社区文化相互融合。邀请的社区市民代表了体育、娱乐、艺术和文化等不同领域的社区团体,共同探讨"只有在这里才能做的事情"这一概念。并通过社交媒体、官方网站、公众会议、现场研讨等其他特别活动激发公众参与讨论,得到了许多关于场地用途及创意的建议。事实证明,所采集的市民建议是项目成功的关键一步,为设计提供了必要的基础框架。

1) 关于空间

该桥下空间将 7 个街区连在一起,扩大了通往约克堡国家历史遗址和中央滨海等关键地区的路线,并为不断增长的人口创造了一个新的聚集地,确保了日常公共生活到大型社区的使用需求。这些“市民空间”可以供集体或独立使用,通过采用截然不同的布局方式为各种各样的节目、活动和公共生活提供服务(见图 6-2)。利用支撑高架桥的混凝土立柱划分一系列户外空间、步道和服务于社区及创新活动的场所,按照桥下空间自西向东分布多样的氛围空间,例如都市空间、运动空间、社交空间、湿地和绿地等。这些自然灵活的功能空间,具有开创性和开放性,为公众预留参与空间,为不断发展的城市景观添加属于当地人的特别印记(见图 6-3)。

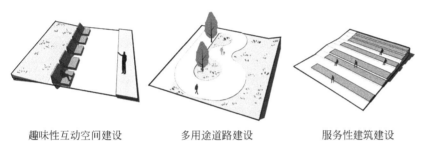

趣味性互动空间建设　　　　多用途道路建设　　　　服务性建筑建设

图 6-2　多样化的空间功能形式(郭振宇 绘)

图 6-3　日常活动

2) 关于气候

在桥下有一段标志性的空间,即一条 220m 的冬季滑冰道。冰道在夏天成为一条带有儿童戏水公园的小道,体现了与人们的生活节奏契合的季节变化所需要的活动空间,溜冰道解决冬季活动的需求,并利用高架结构下的空间,抵御冬季的寒冷气候(见图6-4)。在其他过渡性的季节,为人们提供了清晰且连贯的多功能步行道路,在满足公民步行用途外,同时也为整体项目道路系统提供了连贯且便利的流动路线。

图6-4　不同气候条件下的活动内容

3) 关于可持续的设计

该项目对于材料的使用以最低程度的改造来实现最大化的效益。例如,铺路系统着重使用回收的建筑废料;利用混凝土柱涂上反光涂料,重新定义为功能、道路标识系统(见图6-5)。这些材料反映了当地的精神,传达建筑的历史。可持续的设计理念还体现在雨水的设计和管理方面,整合了自然景观和水文系统,而不是通过将水资源输送到地下,继续对城市下水道系统施加压力的做法。雨水系统从上方高速公路收集,将其保留在现场,被一系列生物墙、地下储存设施和渗水渠道拦截,水在生物区自然处理,降低径流速度,促进渗透,起到过滤作用。在植物的选择方面,以耐寒、耐盐的植物为主,能吸收普遍存在的污染物。整个桥下空间还使用了透水铺装,达到缓解高速公路对水文影响的目的。

图6-5　多样化的功能标识

3. 场地的价值

在日益密集的城市空间中可利用的原始空间所剩无几,景观设计师需要以新的思路和方式来转化现有空间。此项目的价值在于对大多数无人问津的高架桥剩余空间的开发,可以说是资源的再利用,集中改变功能的单一性,创造出满足市民需要且生态、可持续的公共体验空间。另外,该项目的独特之处在于通过公众积极参与设计到最终塑造新的公共空间,建立了一种新型的合作模式。由此看来,高密度城市有相当大面积的桥下空间仍具有较大的优化可能性,且诸如此类的剩余空间依然存在于城市中,需要在设计实践中不断验证和改进,以此实现更加高效的城市资源利用率。

6.1.2　荒废角落的改造

项目:休梅克绿地

地点:宾夕法尼亚大学

时间:2015 年

设计:Andropogon Associates(安德罗波贡联营公司)

1. 项目简介

休梅克绿地是沃尔纳特街与斯普鲁斯两条街之间长期荒芜的网球场和一些狭窄的通道组成的剩余空间(见图 6-6)。设计将荒废的角落改造成了高效多功能的绿地(见图 6-7)。整个场地的设计呈半圆状,由草坪、雨水花园和硬质坐凳构成,体现了现代感的设计效果。人行道、建筑入口、微地形、硬质设施结合在一起,创造出与环境熟悉的感官效果,呈现出人与自然、历史与现代的完美融合,这个设计作品成了可持续校园设计的示范性景观。

2. 设计概念

1) 关于使用人群和活动内容

在设计初期,设计师们对环境现状、场地历史、生态结构和功能

图 6-6　场地原貌（郭振宇 绘）

图 6-7　场地改造后（郭振宇 绘）

等因素做了大量的调研与评估工作，主要出发点是可以同时容纳各种校园活动的需要，形成一个开放、弹性强的公共空间，为师生们提供灵活多功能的会客交流场所，可以作为毕业典礼、大规模聚会、课外社团活动、比赛等各种规模的活动的场所。同时，可以作为室外教室、跳蚤市场使用，晚上可以播放电影，举办音乐会和展出等。这种系统化的设计思路是项目成功的重要保障。

　　2）关于户外家具

　　场地内设置了几处大型不同方向、多种材料结合、多层花岗岩长型坐凳，为场地提供了休息设施。流畅的造型和灵活的尺度可供多人就坐(见图6-8)。绿地里种植洋槐树作为景观树,放置的咖啡桌和校园的特色休闲长凳为人们提供了灵活的、多功能的公共汇集空间。

图6-8　休闲坐凳

3)关于雨水利用

休梅克绿地的设计将自然系统(土壤、植物、昆虫、鸟类、人类)与人工系统(建筑物的构成要素和基础设施)相结合(见图6-9),是从整体发挥作用的系统为出发点的。休梅克绿地作为一个多功能景观空间,设计的雨水花园具有优秀的生态系统功能,可以收集设计场地95%的雨水,并可传输、过滤和存储雨水回收用于灌溉。额外的水来自屋顶径流水和相邻建筑物的空调冷凝水(见图6-10)。

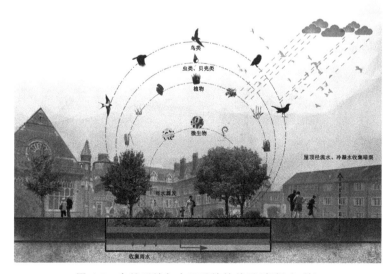

图6-9　自然系统与人工系统的关系(郭振宇 绘)

图 6-10　雨水利用（郭振宇　绘）

3. 场地的价值

休梅克绿地已成为绿色基础设施典范，它的价值主要体现在其前沿的生态理念，可以将水资源进行过滤、回收、清洁回流，是一个高性能的景观项目。并且带动师生们一起参与到该项目中，对其进行了历时 5 年的检测，得到的成果促进了美国国家可持续性景观设计指南和建筑规范的修订，对剩余空间的利用改造产生了积极的意义。

6.2　巷道绿地的重塑

巷道作为城市中重要的人行交通空间，承担了多种功能，从过去的马车时代到现在的汽车时代，步行的巷道空间对组织城市景观，联系城市各项功能区域，提供开放性的户外活动场所，提供休闲游憩空间等方面一直具有重要作用，与市民的生活密切相关。城市中的步行空间越来越被重视，也更普遍和人性化。例如较大尺度的绿道大多规划在自然风景宜人的地方，或者是规划在文化设施集中的地方，为人们提供散步、休闲和观赏自然风景的场所。而城市步行空间的内容更细致，更考虑人的尺度，包括提供街道家具设施，具有服务性、观赏性和便利性，可把生活中必要的交通活动变成愉快的休闲享受。

巷道是城市建筑体块中的基本单元，与人的活动有着直接的关系。高密度城市内部所特有的巷道空间形态丰富多变，空间界限模糊，对市民日常生活中的交往与空间相互关系影响较大。

6.2.1　小巷公园

项目：小巷公园

地点：伦敦

时间：2012 年

面积：1 833m²

设计：澳大利亚安德鲁·伯恩斯建筑事务所（Andrew Burns Architect）

1.项目简介

在城市动态的长期建造和发展过程中,巷道的空间功能单一、通风采光条件较差、邻里关系淡化、周边环境不稳定和空间权属复杂的极端环境,激发出使用者对巷道空间的强烈需求。该项目和当地人的生活紧紧相连,是伦敦市中心的一条巷道,空间蜿蜒、尺度不均、功能单一。改造后的巷道小巧精致,整体格局协调自然,使周边环境焕然一新,极大地改善了市民运动休闲品质。尽管只是一个小小的改造,但证明了为社区街巷建造花园的机会,改造后的巷道空间产生了积极的社会影响,这样的设计经验和理念也是适宜全球的。在一个原本简陋的街巷里,提供了花园般的路径(见图6-11),赋予了城市中的走廊一个全新的形象。

图 6-11　场地平面图(郑玉怡 绘)

2.设计元素

1) 关于植物

为了给行人和游客增添驻足观赏的景观空间,设计突出了以植物观赏为特点的巷道花园景观。放置大小不一的混凝土材质的种植箱,高高低低、品种多样的植物沿着巷道两侧布置,将其装点的郁郁葱葱,创造出花园般的巷道景观。既保证了视线的通透,又利用植物对道路尺度进行二次划分,使空间隔而不散,路在园内,园在路中,将空间合二为一,融为一体。在选取表达季节性和地域特色性的植物的基础上，细节设计注重小乔木、灌木和草本植物的组合搭配，通过闻、触摸和观赏获得感知体验，极大地丰富了巷道景观的层级，提高了步行的品质（见图6-12）。

图6-12　以植物为主的巷道

2）关于城市家具

巷道不仅仅作为通行的物理空间，增设城市家具可将资源利用最大化。在空间中运用了与种植箱类似的设计元素，转化成坐凳散落在巷道中，人们可坐可观赏，为邻里交往创造了硬件条件。满足小孩儿、老人、年轻人的光顾，满足看书、交谈、摄影、赏花与休憩等生活活动的空间需求，营造了多功能的共享空间，建立了家园感的空间形式，带来了居民的认同感和归属感，提升了城市活力，同时也会增强人们对环境的责任（见图6-13）。

图6-13　巷道家具

3. 价值意义

在高密度城市中，巷道景观内外渗透，新旧共存，弥补缺陷，积极促进城市更新可持续的发展状态，使活动在高密度建筑群夹缝中的人们感受到轻松的一面。

新型的巷道步行系统将人们带往城市的各个区域，并且污染明显减少。这些"家门口"的小型绿色公共空间，促进了邻里交往，促进了步行环境的丰富度、舒适度和安全度,有效提升城市园林绿地布局的均衡性,更是公众生态获得感最直接的源泉。

正如雅各布斯那句著名的警示:"在一个又一个城市里,依照规划理论,恰恰是那些不该衰败的地区在走向衰败。同样重要却不太被注意到的是,在一个又一个的城市里,按照规划理论,那些该衰败的地区却拒绝走向衰败。"

6.2.2　庭院概念的通道

项目:步行小镇

地点:泰国曼谷

时间:2015 年

面积:9 000m²

设计:泰国 T.R.O.P

1. 项目简介

曼谷是泰国的首都,是东南亚第二大城市,是一个拥有密度极高车辆的城市,也是一个旅游业十分发达的城市。街边的小商贩占据了过半的步行道,甚至完全堵住了部分步道,市民几乎没有任何安全感可言的人行步道,这迫使人们改走车行道,从而导致了逐年增加的交通事故。该项目位于曼谷的黄金地段,名为中央世界(Central World)的 Groove 购物中心,是一个 2 层的商业空间,现有停车场的上层。该场地作为公共通道,每天都有大量的行人穿过,高大的植物造成了沉重的阴影,特别是在晚上产生不安全的因素,摩托车不时地穿过,这些是较为突出的问题(见图 6-14)。基于这些现状的考虑,设计希望新的空间环境是一个安全的具有庭院概念的作品(见图 6-15)。

2. 设计元素

1) 关于植物

沿街现有的树木都被保留下来,以便为曼谷炎热的夏季提供一些荫凉。原有的棕榈树被移植,获得了大量的光照,创造了更安全、更便捷的区域。沿着公共人行道创建新的绿化区域,精心种植一

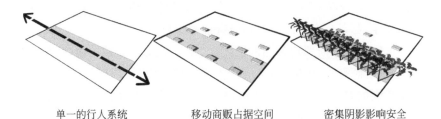

单一的行人系统　　　　移动商贩占据空间　　　　密集阴影影响安全

图 6-14　存在的问题（郭振宇 绘）

图 6-15　区位图（郭振宇 绘）

系列本地灌木和花卉，展现出了全年开放的花园（见图 6-16）。形成城市的景观符号引起人们情感的共鸣，增强市民的文化认同感和归属感，塑造了宜人的尺度和舒适的环境。

图 6-16　以植物为主的人行道

2）关于雨水的收集

与原来的硬地景观设计相比，新的景观有助于降低地面的温度，使人们步行更加舒适。与此同时，通过新的地下排水系统，该设计能有效减少地面污水,而改建之前的地面污水在一定程度上导致了附近街道的积水。改造后地面多余的水会被收集起来用于植物灌溉。

　　3)步行体验

　　改造后的通道只供行人使用,包括残疾人,创造了一个单纯的步行空间。过去的摩托车停车场被拆除,创造了更安全的行人步行环境。新的景观鼓励行人走到地面,靠近花园。通过这种方式,行人可以与自然更亲近,和周围的人更好地交流(见图6-17)。

不同环境的人行道路　　　　　　　安全的行人空间

图6-17　安全的步行环境(郭振宇 绘)

　　3. 价值意义

　　自项目建成以来,通道步行系统作为新的景观已成为曼谷步行道的典范。行人可在整个地区自由安全地行走。汽车司机经过也会被景观所吸引,减少了因为交通堵塞带来的烦躁感。行人也会给朋友和家人拍照分享景观。偶尔一些特别活动被安排于此,为行人创造丰富的体验。尽管这只是一个简单且为公共通道系统的一小部分空间,但这个成功的案例证明了并不是所有的设计都是声势浩大的,通过小小的改变而带动周边地区创造更多、更完善的步行通道系统变为可能。

6.3　微改造的多样性

　　在城市更新中出现的"微改造"模式得到了更多的认同,能突出地方特色,改善人居环境。2016年《广州市城市更新办法》首次正式提出了"微改造"的概念,"微改造"是指在维持现状建设格局基本不变的前提下,通过建筑局部拆建、建筑物功能置换、保留修缮,以及整治改善、保护、活化,完善基础设施等办法实施的更新模式。"微改造"采取因地制宜的方式,结合实际情况进行"小修小补",起到提升人居环境、促进街区活力、传承地域文化的作用,不仅承载了市民的日常生活,还是城市记忆、历史文脉的重要载体。

6.3.1 社区公园微改造

项目名称：东山少爷南广场社区公园改造

建设时间：2000年翻修，2020年重建

设计：哲迳建筑师事务所

面积：898m²

地点：广州东山口

1. 项目概况

东山少爷广场位于广州市越秀区东山口，地理位置十分独特。是东山口商业活力轴与居民生活轴的交会点，也是公交站点的始发站和终点站，是人们乘坐地铁前往新河浦历史保护区必须经过的公共节点场所。东山少爷广场在2000年翻修过后，植物长势很好，充满活力，但广场的整体品质较低，限制了使用人群，公共维修不足也造成了景观构筑物区域使用率低，使广场成了城市卫生黑点和治安盲点。设计的目的希望居民能像使用自家花园一般光顾这个公共空间，同时吸引更多外来的游客通过该场地了解当地文化（见图6-18）。

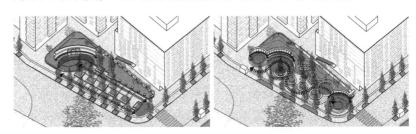

图6-18 旧场地、新场地鸟瞰图

2. 设计元素

1）关于植物

东山少爷广场的景观和使用者共同构成了一幅三维的、随时间变化的空间画面，其中树木在限制空间中发挥了非常重要的作用。

小叶榄仁有着枝干分明的特点,不重叠的叶子让阳光层层穿过,在地面上洒下斑驳光影。人们在树下交流走动,视线也比较清晰,同时增加了空气的流通,增强了人体的舒适性。草地的设计恰到好处,打破了以往生长在地面的做法,而是提升其高度,与人的坐姿高度一致(见图6-19)。

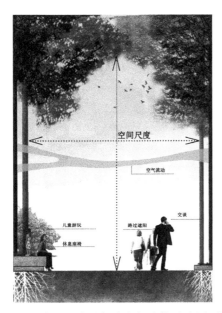

图6-19　空间尺度及部分空间功能(郭振宇 绘)

2) 关于设计形式

场地采用了自然流畅的几何线性的形式语言,软化了城市钢筋混凝土的冰冷,使空间变得流畅和有趣。流线型的树池坐凳能够容纳更多人,也更随和亲切(见图6-20)。

图6-20　几何流畅的形式构图

3）关于家具

带有坐凳的树池既是景观又是实用的城市家具,补充了空间的功能。光滑的石材表面在光照下映射出小叶榄仁的树冠和光斑。平滑的质感与弧线的形式相匹配,给原本喧嚣的城市增添了一抹平和与优雅。在公园里,人们正在独自放松,或者低音耳语着。空间的流动感、人的离散感、区域的局限感共同构成了一种矛盾又互补的"空间变异"(见图 6-21)。

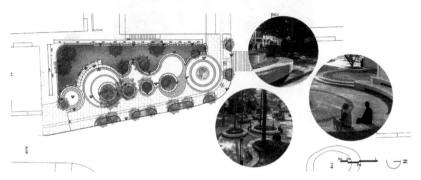

图 6-21　可多人就坐、交谈的城市家具

3. 价值意义

因为使用人群的增加与多元化,激活了这个社区公共环境,所以这种改造的方式方法带动了周边社区活力。微不足道的一个社区小广场融入了现代生活理念,连接了邻里情感,增强居民的责任感和归属感,起到重塑社区活力的作用。微改造的优点在于成本低,不仅保留了城市景观,是多种形式的探索。

微改造是适应社会发展的一种更新改造方式,也是适应未来城市环境发展变化的策略和途径之一。高密度城市中囊括了社会、文化和各种商业等活动,并且大多靠近居住区。微改造的思路能够满足在高密度城市里开辟小型的、公用的开放空间以满足市民多种社会活动的需求。而目前城市中游憩、步行及待客的室外空间的严重短缺,引起了为此目的而提供的临近公共绿地空间的迫切需求。

6.3.2　口袋公园微改造

项目名称:嘉兴口袋公园

建设时间:2019 年

设计:艾绿尼塔

面积:9 700m²

地址:浙江省嘉兴市

1. 项目简介

城市中存在着许多陈旧的小型绿地公园,这些公园是城市绿色基础设施,曾经为市民的生活提供了许多便捷,不仅是市民休闲游憩的活动场所,也是城市文化传播的重要阵地。随着城市的发展,人群数量的增加,这些较早建成的公园已无法满足人们对高品质环境的追求,需求与现状之间存在着巨大的矛盾。嘉兴大部分城市公园都存在典型的现代公园的缺陷:功能性不足、特征性模糊、可持续性不强。"绿城花海"改造的目的是希望在旧的环境空间创造新的生活,当市民走出家门几百米便能看见绿地和花海,将之前一个负面的景观空间变成一个正面、积极的示范性景观空间(见图 6-22 和图 6-23)。

图 6-22　场地平面(郭振宇 绘)

2. 设计概念

场地东侧的巷道里的公园面积约 9 700 平方米,属于通行与游玩的社区公共空间。改造前的空间存在入口模糊、标识性弱、植物搭配美观度不高、生态效益差、景观元素杂乱、光线灰暗、设施陈旧、河岸

图 6-23　场地改造前

处理过硬等问题。设计针对这些问题进行有目的的改造,突出特色、多彩、功能、可持续及"建设美好家园"的理念(见图 6-24),同时保持与延续城市总体结构和风格,唤醒城市里逐渐消失的人文和历史,鼓励居民参与到项目的改造和更新中来,注重对局部微小的地方进行适当规模的更新,使老城区重新焕发活力,最终创建出一个有影响力、归属感和区域特征的文化及空间形态。

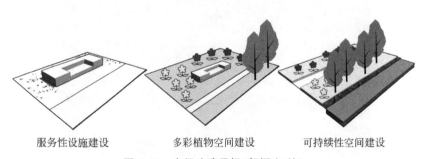

服务性设施建设　　　　多彩植物空间建设　　　　可持续性空间建设

图 6-24　空间改造目标(郭振宇 绘)

1) 城市家具

完善基础设施,增加休闲坐凳、慢跑系统,使来这里散步、跑步、休息的居民数量显著增加,更好地融入了生活,促进了居民的生活品质,既保护了场地原有资源,又拓展了空间的使用。营造了富有生活气息的文化街区,促进了人与人、人与环境的和谐发展(见图 6-25)。

图 6-25　散步与跑道空间

2）植物

以无尽的夏季为植物主题,种植花期长、维护成本低的变种绣球花,梳理了河岸植物,改善了生态。曾经充满城市污水的河道现在充满了生命,保证了公园的可持续发展。一处处节点花境、一条条生态绿道,绿意盎然,充满生机,使市民感受到大地的气息、花草的芳香和城市的温暖(见图 6-26)。

图 6-26　无尽夏花卉主题景观

3．场地价值

设计在尊重当前城市空间的基础上,创新地提出微更新模式,与雕塑艺术、视觉传达艺术和其他多专业合作,形成多维设计视角,更好地对场地进行了诠释,创建一个美丽的花园城市。项目对陈旧公园微改造的影响不言而喻,对口袋公园、节点花境、绿道和街头绿地等景观改造和建设起到积极的作用,创造了生态节约型、景观艺术性和可持续的城市微改造景观品质。微改造不仅延续了原场地的精神,还使得居民参与到更新行动中,带动了周边的发展,做到了节约资源,形成良性的循环。

6.4 小型公园的价值

高密度城市中的呈斑块状散落着的各种小型绿地,如路边小公园、街心花园、社区小型运动场所等都是城市中常见的小型公园。比较有影响力的小型公园就是国际流行的口袋公园,特指城市中规模很小的开放型的公园空间,常呈斑块状散落或隐藏在城市结构中,主要为当地的市民服务。口袋公园又被称为迷你公园、绿亩公园、袖珍公园、小型公园、贴身公园等,具有选址灵活、面积小、离散性分布的特点,能见缝插针地大量出现在城市中。

口袋公园的运动最早始于美国东海岸的费城。早在 20 世纪 60 年代,针对当时费城面临的城市空心化、城市中心被废弃的严峻状况,宾夕法尼亚大学风景园林系的师生在麦克哈格教授的带领下,调查并实施“邻里共有”的计划,建造了许多由社区使用和管理的活动场地。在 1961—1967 年间,共建立了 60 多个口袋公园。面积从 800~8 000m² 不等,以关注儿童和老年人的使用为主,弥补城市有限的公共设施。

英国的口袋公园计划,目的是改善城市绿色空间,这些公园面积在 400~35 000m² 之间。任何可以利用的空间都可以成为口袋公园——所有项目既得到政府也得到公众的支持。口袋公园是当地居民拥有和管理的开放空间,对所有人在所有时间提供免费、开放的乡村景观。相比而言,其概念更为广泛,或大或小,或在城市或在乡村。它们帮助保护和保存当地野生动物、遗产和景观资源,具有众多的社会或环境价值。

日本目前基本形成了以小公园为主体,按规模、服务半径配置的现代都市公园体系。为了缓解城市中的环境污染、为都市人提供可以呼吸到清新空气的绿色空间,在高层建筑的低层必须修建口袋公园作为都市人的室外公共空间。这些公园在人们贴身的生活圈内,设置任何人都可以方便使用的休闲设施。而这种设施并不一定是构筑物,它也许是草地、空场、河滩或洼地。把休闲内容有机地组合于绿地内,将吸氧与运动结合在一起。

我国的口袋公园规划与建设,同美国、日本等发达国家相比还有一定差距。在我国现行的城市绿地分类规范中,最小的公园类型是服务半径为 0.3~0.5km² 的小区游园。这类小型公园绿地的规划设计中场地意识淡薄是一个普遍存在的问题,缺乏“提供足够舒适的活动场地”来满足人们游憩行为这一景观设计的基本目标。场地设计和设施配置往往不能满足周边使用者的休闲游憩需求。随着城市密度的增大、工作方式的变化、精神压力的加剧,我国的城市居民将越来越需要这种可以天天享受、伸手可及的小型公园绿地来进行放松和休闲。

6.4.1　城市绿洲

项目名称:佩雷公园

建设时间:1967 新建,1999 年重建

设计:罗伯特·泽恩

面积:390m²

1. 项目简介

佩雷公园被誉为世界上第一个口袋公园,虽然面积非常小,但是却有着与纽约中央公园一样的重要意义,自 1967 年开放以来,就成为公共园林空间的典范。公园三面环墙,入口面对大街,空间组织体现出简洁的特征。电影《小城市空间的社会生活》就是以该公园为主题,记录了市民们使用空间的方式和活动内容(见图 6-27)。

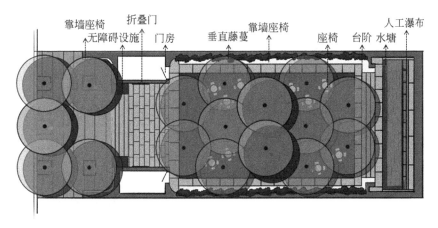

图 6-27　平面图(郭振宇 绘)

2. 设计元素

公园地理位置明显,容易被路人看到,使用率很高。整体的设计体现出人性化的思路,考虑周全,虽然位于闹市区,却极富自然情趣。公园里的几个重要设计元素分层布局却完美融合在一起,营造了舒适轻松的氛围。下面介绍家具、水景、台阶和植物。

1) 关于城市家具

公园里设置了轻便、可移动的网格椅和桌子,在材料和颜色的选择上,为白色的椅子和大理石的小桌。提供了交谈和就坐位置的灵活性(见图 6-28)。在人流较多的时段矮墙和台阶也能充当额外的座位,人们可以在这儿欣赏公园。设置的小吃亭为人们供应食物和饮料。

图 6-28　佩雷公园可移动的座位区

2) 关于水元素

水元素的使用是这个公园的焦点,高 6m 的瀑布气势磅礴,可作为空间的背景既掩盖了城市的喧嚣,又过滤了粉尘。为人们提供了不一样的亲水体验,夜晚的灯光设计使得叠水更有层次,巧妙的设计令人惊叹(见图 6-29)。

图 6-29　具有过滤粉尘、降低噪声等功能的水景

3) 关于构筑物

整个公园比街道高度略微升高了几步,是一条 4 级的阶梯,两边是无障碍通道。将公园环境与繁华的街区分开,营造了相对独立又安静的空间(见图 6-30)。墙上密密麻麻的常春藤和低矮的树冠起到了隔音的作用。

图 6-30　台阶的作用

4）关于植物

公园里的植物以乔木为主,树与树之间的距离是 3.7m,为人们提供了恰当的活动与交谈空间。在微气候方面也采取了有益的方式,阻隔了强烈的光照,同时在视线上也遮挡了邻近建筑物,左右两面墙覆盖着藤本植物,整体上营造了绿意盎然的宁静花园。杜鹃、勒杜鹃、日本冬青和马醉木等常绿植物分布公园各处,与地上的富贵草相映成趣。公园的植物季相变化各不同:早春时,玉兰花、杜鹃和勒杜鹃争艳斗丽,季节性花朵在花缸里错落其间,砖墙上的爬山虎则在入秋后变成火焰般的红色。

3. 场地价值

口袋公园以自身更亲切的尺度能缓解高密度城市的环境压力,承担了大量城市人口的日常交往和社会活动,很大程度上改善了城市环境,同时解决了高密度城市人们对公园的需求。具有规模小、功能少、尺度人性化、场所多样化及社会性突出的特点。

6.4.2　地铁口的公园

项目名称:深圳蛇口东角头地铁站公园

建设时间:2020 年

设计:澳雅

面积:3 400m²

地点:深圳市南山区蛇口新街东角头地铁站 A 出口

1. 项目简介

城市的公共空间不应该机械地充斥着钢筋混凝土、沉闷的空间和陌生的人群，它应该是一个承载日常生活的场所。东角头公园位于蛇口老街区，正是一个记录生活瞬间的城市公共空间，然而原项目场地是一个靠近垃圾投放点、交通拥堵、街景脏乱、环境拥挤、配套设施不足、人群复杂的多种问题相叉的地铁入口处的一个简易草坪（见图 6-31 和图 6-32）。场地的两侧天冠地屦，一边是钟灵毓秀的老蛇口街，另一边是华灯璀璨的现代蛇口街区（见图 6-33）。是一个急需城市更新的区域，在传统渔村文化的基础上，创造一个充满当地居民回忆的公共空间。同时，又是一个舒适的景观站点，一些地铁乘客可以在那里休息，提供给人们享受生活、托物喻志、放松身心的场地。这样的设计让新兴的公共空间变得连贯。

图 6-31　场地改造前（郭振宇 绘）

2. 设计元素

1）关于入口设计

东郊头公园设置了 5 个入口，体现了它的包容性和开放性，让每个经过的人都能享受和分享这个城市空间的氛围。城市在与人的各种互动中被赋予了情感，公共空间也是如此。大坝状的地铁入口，一

图 6-32　场地改造后（郭振宇 绘）

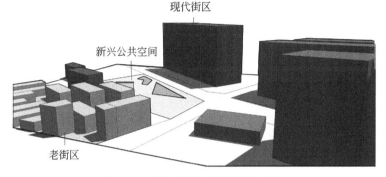

图 6-33　周边空间的关系（郭振宇绘）

棵茂密的大树是向古村落的致敬,是在追根溯源"渔村"的设计理念,也是风水树的象征。

2) 关于空间设计

改造后的公园作为连接城市与生活的纽带,对市民来说是一个至关重要的公共空间。每天都有不同的人来到公园,创造了多种多样的即兴活动,让这个城市的空间更加充满活力。公园的中心设置了下沉空间,是在密集拥挤的城市环境中难得的一处放松的空间。设计为这个场地赋予了全新地展示了城市的生态、商业、人文历史等的可能性。

3) 关于装置设计

在这个场地中,雕塑艺术、廊架、坐凳、垂直绿化等景观元素引入现代科技的手法,设计体现了对历史的尊重,以及创新开拓的精神寓意(见图 6-34)。下沉式空间的中央草坪上有一个艺术装置,雕塑上镌刻了蛇口发展的重要历史年代的信息,是蛇口历史的见证。复杂的曲面和流线型的廊架形式,创造了具有时代精神的公共建筑小品来服务景观。地铁风井的侧立面细节的灵感来自于鱼群的形式,讲述了这个地方过去作为蛇口渔村的历史回忆。同时,轻质铝板材料和茂盛的垂直绿化起到柔软城市边界的作用,为城市提供了充满活力的绿色景观(见图 6-35)。

图 6-34 艺术装置

图 6-35 活动内容

设计整合周边的各类功能空间,为居民和行人打造一个生态的生活剧场,为蛇口老街带来了新的活力。

3. 场地的价值

东角头公园曾经的荒地变成清新的理想空间,为生活在周边拥挤环境中的新旧社区居民创造了一个工作生活两点一线外富含意义的第三空间。这个小小的社区公园不仅给周边居民的生活带来积极的影响,也成为附近居民的日常打卡点。附近的居民见证了公园建设和城市发展。在某种程度上,它只是整个城市建设的一个小设计,但实际上它极大地改变了人们的日常生活,给人们带来了一种认同感与幸福感,为邻里之间创造了更亲密的关系,使城市生活更加轻松。

6.5 垂直立体空间的拓展

立体的城市造就了立体的景观,垂直立体空间是基于解决高密度城市特别是城市中心区人们对环境的需求而产生的。许多垂直立体的绿化是为了在城市中增加更多的绿色空间,利用人行天桥、建筑外立面、屋顶花园或一些边角的闲置地而建的。

6.5.1 天空花园

项目：首尔路 7017 天空花园

地点：韩国首尔

时间：2017 年

面积：9 661m²

设计：MVRDV 设计公司

1. 项目简介

首尔路 7017 的场地前址是首尔市中心的一处废弃高架桥，全程长 983 米。现被改造成一座充满生机的高空立体的景观空间。空间内汇集了 50 种不同科目的乔木、灌木、花卉等，通过 645 个不同的容器呈现，共收集了 228 个主要品种及亚种，空间内共有 24 000 棵植物（乔木、灌木、花卉、草本等），其中许多植物将在未来 10 年生长至更高的高度，为首尔市民提供了一个展示韩国本土植物多样性的城市植物园（见图 6-36 和图 6-37）。

图 6-36 场地改造前（郭振宇 绘）

图 6-37　场地改造后（郭振宇 绘）

2. 设计概念

1）关于步行路

首尔路 7017 中的"17"意为改造后的高架桥将连通 17 条人行道，体现了场地的步行维度（见图 6-38），也证明了非常完善的步行交通功能。空中花园的道路设计理念除了考虑与周边环境相融合外，还考虑了流动人群的运动轨迹和生活习惯。首尔建筑密度偏大，城市整体布局很局促，加之缺少较大城市中心绿地，为了能使这里成为带动城市绿化崭新的发展趋势，这座废弃高架桥被改造成一座全新的绿色地标，将多样化的植物群体引入复杂的城市环境中。新的人行天桥和楼梯将整个高架桥与周边的酒店、商店和花园连接起来。空间将城市居民、游客与自然紧密联系在一起，同时也提供了观赏首尔火车站和南大门历史景观的绝佳场地（见图 6-39）。

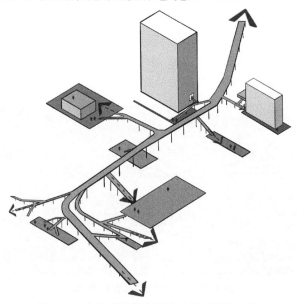

图 6-38　步行系统及多层次空间（郭振宇 绘）

图 6-39　首尔路 7017 天空花园鸟瞰图

2）关于植物

空中花园的植物设计体现了韩国的自然遗产的一部分。植物以不同的科目组织在一起,形成非常野趣和景观特色的空间构成,犹如一座植物的百科全书呈现出来,完全可作为一个教育性的植物园,同时也有着培育多种植物苗圃的作用。在未来,随着植物的生长和转移,可以将绿色景观延续到城市的各个角落(见图 6-40)。

图 6-40　植物构成

整个空中花园的植物设计可以看作成多个主题小花园的集合,每个花园都用独特的结构、香气、色彩和特性等加以划分。花园景观会随着季节的变化而变化:春天是樱花和杜鹃花等花卉盛开的季节,空间充溢着生命力与希望;夏季是灌木和观叶类、观果类植物最茂盛的时期;秋天以槭树科的枫树等季节变色植物渲染主色调,丰富色彩;冬天主要依靠常绿针叶树和落叶树树干来支撑空间内的自然景象。

3）关于公共设施

高质量的空间少不了城市家具,这些细节的恰当处理一方面有助于提升空间的品质,增强场所的可亲近感和使用性,另一方面也可以激发使用者对空间的感受。这个人行天桥上除了栽植植物外还有一些近似于容器的设计元素,以及散置在花丛中作为行人休息的座椅。场地除了植物景观,还有系列的公共空间,例如商店、展示馆、咨询站、儿童游乐场、公共教室、咖啡馆等,满足不同年龄、职业的居民和游客使用。这座废弃的高架桥现在成为一个生机蓬勃的空中花园,环境面貌和使用舒适度都得到了极大的改观(见图6-41)。

图 6-41　空间构成

3. 场地的价值

这个立体的高空改造景观将城市文化及活跃的居民及游客的活动紧密结合在一起。楼梯、电梯、人行天桥结合的垂直交通系统将空中花园与城市连接在一起,与周边的城市肌理形成相互作用关系。在未来,这个充满人性化的人行系统,伴随着新植物的成长,将进一步推动城市的中心区的景观变得更有生命力,更友好。激发了城市的绿色植物和公共空间进一步地扩展,并通过与每一个街区相关的植物物种,将天空花园与其周围的环境连接起来。

6.5.2　高空花园

项目:Sky Park

地点:中国香港旺角纳尔逊街17号

时间:2017年

面积:687m²

设计:Concrete 设计事务所

1. 项目简介

香港旺角空中花园会所位于香港密度最高、最繁华的旺角街区。

空中花园为人们提供了一个远离城市喧嚣的公共场所(见图 6-42)。

图 6-42　场地区位(郭振宇 绘)

2. 设计概念

顶层花园的设计来源于旺角拥挤的街道。旺角是世界著名的高密度街区,因为空间狭窄,限制行人,导致行人接踵比肩(见图 6-43)。花园创造了一处逃离混乱的场所,打造了居民可以进行舒适交往的公共环境,给高密度和国际化城市的居住空间设计带来新的启发。

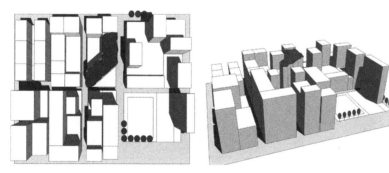

图 6-43　场地周边空间尺度和植物配置(郭振宇 绘)

设计体现了"两个空间连接的空间"设计构思,创造了一个室内和景观设计融合在一起的空间,包括不同但相互连通的多功能区域,如阅览室、酒吧、餐厅、健身房、游泳池和画廊。利用连贯的室外楼梯将室内空间与空中花园连接,形成过渡自然且淡化室内与室外明显分界的一体化空间,拉近城市生活与自然的距离。可作为各种生活场景发生的地点,这个较大型的楼梯间在夜晚也会发挥作用,人们可以就坐或观赏夜空,感受夜幕中的香港(见图 6-44),除此之外还作为了露天电影院,几乎充分利用了每一个角落和时间段。

图 6-44　夜景

　　开放的楼层平面由 4 个方形体量的空间组成,并将天花板延伸入屋顶景观平台。这些空间容纳了所有必需的功能区,如电梯、楼梯、机电设备、卫生间、储藏室、厨房设备和酒吧。通过对角线定位,中间的空间为不同的区域和功能区提供了服务,并保持着透明和开放,仅用玻璃隔墙和滑动门来划分区域,使得视线没有阻隔,可以在每一个角落找到最好的景色,避免了屋顶花园成为一个孤岛,可感受壮观的城市景观。在这个屋顶花园中,几乎能看到所有景观的类型,包括垂直绿化、梯级绿化、平台花园和屋顶花园(见图 6-45 和图 6-46)。

图 6-45　整体的花园景观

图 6-46　花园一角

3. 场地的价值

空中花园在高密度城市环境中的作用是显而易见的,可以为空气补氧,减少大气颗粒物,降低城市噪声,拓展了宝贵的空间。特别是在亚热带气候条件下,植物能提供蒸发降温的作用,缓解城市热岛效应,显著减少雨水径流,降低整体耗能。

香港旺角空中花园在超高密度的城市环境中,创造了多层次和多个空间,由此产生出了多种的生活方式,启发了使用者的想象力,营造了有利于身心健康的环境。这个花园设计的成功,证明了垂直生活的可能性,发展出了一种与城市环境无缝化的整合,不仅和谐地融入高密度城市环境,还是兼具人性化、多维度、技术性与美感的研究范例,为世界各地具有相似环境背景的案例提供宝贵的参考资料。

国内外的优秀案例举不胜举,说明了高密度的城市背景下也完全能够建造生活质量较高的环境。本章分类讨论都是高密度城市微绿地景观实践案例的具体表现。这些经典的高密度城市微绿地景观就像一串串绿色的项链,向匮乏的城市输送绿色,将人们的生活融入自然。

结论

《粤港澳大湾区发展规划纲要》明确了广州、深圳、香港、澳门为四大中心城市。这四大中心城市也是世界著名高密度城市。本书针对现状进行了微绿地景观的必要性与可行性认知，得出微绿地景观设计的研究与实践在粤港澳大湾区不仅势在必行，而且恰逢其时，并且总结了多个有效的设计方法的结论。

（1）建成空间的研究。对珠三角地区最具代表性的高密度城市广州、深圳、香港和澳门的城市微绿地进行了分类调研，总结出空间分布特征、空间功能性、空间拓展性、空间多样化和空间整合化的建设启示，可作为高密度城市的微绿地空间的典型实例研究代表，为本研究提供了设计实践的支持。

（2）感知模型的提出。基于对多个典型微绿地景观空间关于场地的使用、构成、空间格局等特征，对其微观环境特征以及人们使用微绿地空间的行为环境分析后，总结了能代表微绿地空间的 5 个维度和因素的分类统计，作为读取城市微绿地空间信息的途径，了解人们对微绿地的感知方式和范围。5 个维度的感知模型对各种微绿地景观设计来说是一个先决条件。

（3）设计实践的研究。具体以居住区为代表的街头绿地 5 个、以商住综合区的步行道路为代表的 4 个、以商业区的垂直绿化为代表的 2 个展开进一步研究。通过 5 个维度的调研统计、生态效应的测定，得出这些场地的感知偏好和空气温度、相对湿度、光照度和空气负离子浓度的定量分析和结果。在广州天河区选择几处微绿地空间进行实践改造，深入进行场地空间更全面的研究与总结，提出更加具有实践价值和意义的设计策略和模式。超越了一般将景观设计停留在物质及视觉层面，总结的设计方法有助于规划设计适合高密度城市微绿地空间，建立人性化维度使用空间并有助于景观的可持续发展。

此外,所使用的调研方法和统计分析,对其他类型的微绿地、环境和空间的理解、设计也将是行之有效的。

(4)设计理论的研究。从空间形态、空间建构、微气候、植物设计和人群行为模式的分析,有助于从多角度认识微绿地景观的价值意义,同时也证明了微绿地景观能够实现人地平衡、提高环境质量和社会效益统一的多重价值。

任何城市的整体空间脉络都是由无数个在微观尺度上的空间组合而成,尽管这些城市设计的绿地范围较小,但对城市空间质量的影响却很大。小尺度的景观空间无论是建造还是修补都具有可操作性和现实意义。综合了街头绿地、步行空间、社区绿地、立体空间和剩余空间等微绿地景观所具有的共性,可达性、便捷性与紧凑性在高密度城市微绿地景观中被提升到新的高度,引发了生态城市的诸多设计策略。设计师应该认识这个现状,为生活在城市的人们提供更多人性化高质量的景观空间有着重要的现实意义。

需要进一步探讨的问题

我国大多数城市要被列入高密度城市的范畴,这意味着由于在同一个空间范围内必须容纳更多的人口,人与人之间的关系将更加紧密,以此推断城市空间接近人性化尺度的景观空间可能性应更大。在针对微绿地的研究中,还需要在研究方法、空间类别和实施等几个方面进行更为深入的探讨:

(1)以当前的研究结论为先验信息,结合微绿地的场地特征、使用人群感知偏好分析、生态效应测定等因素,开展多尺度、多类别微绿地空间研究,为高密度城市提供更全面的微绿地空间研究依据。

(2)借助高分辨率的广州航拍影像图判读、提取绿地斑块,通过可识别的绿地斑块进行微绿地空间的分类,做更细致的尺度等级统计,以求更确切地反映微绿地空间特征。

(3)结合以上研究方法,在后续的研究中积累经验,丰富数据,总结珠三角地区微绿地景观研究模式,可进一步对其他区域进行微绿地空间的研究,以期更好地指导高密度城市微绿地空间的规划,提高城市园林绿地的发展,实现城市森林的愿望。

(4)树立从微绿地空间概念到城市森林建设的整体观,重视微绿地系统,共建城市森林。希望能在未来的高密度城市,穿过城市的自然的生态式步行走廊能连接起无数的街头绿地,采取点线面相结合的绿化网络覆盖整个城市。

参考文献

第1章

[1] 城市化演进的一般规律和中国实践[OL].2016,3.https：//max.book118. com/html/2016/1229/78105772.shtm.

[2] 李敏,叶昌东.高密度城市的门槛标准及全球分布特征[J].世界地理研究, 2015,24(1)：38～45.

[3] 薛冰,鹿晨昱,耿涌,等.中国低碳城市试点计划评述与发展展望[J].经济地 理,2012,(1)：51～56.

[4] 潘国成.香港的高密度发展[J].城市规划,1996,(6)：11～12.

[5] 万汉斌.城市高密度地区地下空间开发策略[D].天津：天津大学,2013：1.

[6] 王龙,叶昌东,张媛媛.香港低碳城市空间建设及其对高密度城市建设的启 示[J].广东园林,2014,(6)：33～37.

[7] 吴文钰,高向东.中国城市人口密度分布模型研究进展及展望[J].地理科学 进展,2010,29(8)：968～973.

[8] 黄洁,钟业喜.中国城市人口密度及其变化[J].城市问题,2014,(10)：17～ 22.

[9] 吴人韦.支持城市生态建设：城市绿地系统规划专题研究[J].城市规划, 2000,24(4)：31～33.

[10] 魏清泉,韩延星.高密度城市绿地规划模式研究：以广州市为例[J].热带 地理,2004,24(2)：177～181.

[11] 李树华.共生・循环：低碳经济社会背景下城市园林绿地建设的基本思路 [J].中国园林,2010,26(6)：19～22.

[12] 扬・盖尔,欧阳文,徐哲文译.人性化的城市[M].北京：中国建筑工业出版 社,2010：81.

[13] 蔺银鼎.对城市园林绿地可持续发展的思考[J].中国园林,2001,17(6)： 29～31.

[14]　包满珠.全球气候变化背景下的园林建设[J].建设科技,2009,(19)：30～33.

[15]　李敏,肖希.澳门半岛高密街区纤维网状绿地系统规划探索[C].中国城市规划年会,2014.

[16]　刘滨谊.城市森林在城乡绿化十大战略中的作用[J].中国城市林业,2011,9(3)：4～7.

[17]　潘国成.高密度发展的概念及其优点[J].城市规划,1988,(3)：21～24.

[18]　万汉斌.城市高密度地区地下空间开发策略[D].天津：天津大学,2013：16.

[19]　李敏,龚芳颖.适应超高密度城市环境的绿地布局方法研究：以澳门半岛为例[J].广东园林,2011,33(6)：13～18.

[20]　周建猷.浅析美国袖珍公园的产生与发展[D].北京：北京林业大学,2010：2.

[21]　陈昌勇.空间的"接驳"：一种改善高密度居住空间环境的途径[J].华中建筑,2006,24(12)：112～115.

[22]　仇保兴.复杂科学与城市的生态化、人性化改造[J].城市规划学刊,2010,(1)：5～13.

[23]　李楠.浅析高密度城市环境下的边角空间[J].文艺生活・文海艺苑,2010,(8)：153～154.

[24]　魏钢,朱子瑜.浅析澳门半岛公共空间的改善策略[J].城市规划,2014,(38)：64～69.

[25]　陈静.基于生物群落多样性的高密度城区微绿地设计探讨[J].风景园林,2014,(1)：59～62.

[26]　王林峰.城市"边角空间"集约利用探讨[J].建筑之道：和谐节约・第五届全国建筑与规划研究生年会论文集,2015(6)：468～472.

[27]　仇保兴.重建城市微循环：一个即将发生的大趋势[J].城市发展研究,2011,(5)：1～13.

[28]　陈静.基于生物群落多样性的高密度城区微绿地设计探讨[J].风景园林,2014,(1)：59～62.

[29]　仇保兴.重建城市微循环：一个即将发生的大趋势[J].城市发展研究,2011(5)：1～13.

[30]　Peschardt K K,Schipperijn J,Stigsdotter U K. Use of small public urban green spaces[J].Urban Forestry & Urban Greening, 2012,(3)：235～244.

[31]　Nordh H,Hartig T,Hagerhall C M,Fry G.Components of small urban parks that predict the possibility for restoration[J]. Urban Forestry & Urban Greening,2009,(8)：225～235.

[32]　潘国成.高密度发展的概念及其优点[J].城市规划,1988(3)：21～24.

[33]　朱竹韵,吴素琴.北京市街头绿地调查[J].中国园林,1995(11)：37～44.

[34]　刘滨谊,余畅,刘悦来.高密度城市中心区街道绿地景观规划设计：以上海陆家嘴中心区道路绿化调整规划设计为例[J].城市规划,2002(1)：60～62.

[35] 陈昌勇.空间的"接驳":一种改善高密度居住空间环境的途径[J].华中建筑,2006,24(12):112~115.

[36] 张鸶鸶.袖珍公园在当代城市公共空间的应用[D].成都:西南交通大学,2007:1~24.

[37] 林展鹏.高密度城市防灾公园绿地规划研究:以香港作为研究分析对象[J].中国园林,2008,24(9):37~41.

[38] 王佳成.高密度城区点状绿地研究:以南京老城为例[J].城市规划,2008(4):69~73.

[39] 王进.城市口袋公园规划设计研究[D].南京:南京林业大学,2009:23~45.

[40] 郭巍,侯晓雷.高密度城市中心区的步行体系策略:以香港中环地区为例[J].2011,27(8):42,45.

[41] 李楠.浅析高密度城市环境下的边角空间[J].文艺生活·文海艺苑,2010,(8):153~154.

[42] 李敏,龚芳颖.适应超高密度城市环境的绿地布局方法研究:以澳门半岛为例[J].广东园林,2011,33(6):13~18.

[43] 万汉斌.城市高密度地区地下空间开发策略[D].天津:天津大学,2013.

[44] 凌晓红.紧凑城市:香港高密度城市空间发展策略解析[J].规划师,2014,12(30):101~105.

[45] 吴家颖.高密度城市的步行系统设计:以香港为例[J].城市交通,2014(2):50~58.

[46] 陈静.基于生物群落多样性的高密度城区微绿地设计探讨[J].风景园林,2014(1):59~62.

[47] 余美萱,李敏.高密度城市绿色空间拓展途径研究:以澳门为例[J].福建林业科技,2014(3):161~166.

[48] 史源,吴恩融.香港城市高空绿化实践[J].中国园林,2014(05):86~89.

[49] 肖希,李敏.澳门半岛高密度城市微绿空间增量研究[J].城市规划学刊,2015(5):105~110.

[50] 金俊,齐康,白鹭飞,沈骁茜.基于宜居目标的旧城区微空间适老性调查与分析:以南京市新街口街道为例[J].中国园林,2015(3):91~95.

第2章

[51] 魏岚.深港澳城市风貌比较研究[J].城市环境设计,2007,109~111.

[52] 广州市林业和园林局。http://lyylj.gz.gov.cn/zwgk/sjfb/content/post_5347276.html.

[53] 吴劲章,谭广文.新中国成立60年广州造园成就回顾[J].中国园林,2009,37~41.

[54] 广州城市建设档案馆。http://www.gzuda.gov.cn.

[55] 广州市政园林局.广州迎亚运编制绿化规划园[J].园林科技,2008,110(4):47.

[56] 王智芳,周凯,曹娓,等.广州城市化进程中的园林建设[J].广东农业科学,2010(9):99～102.

[57] 周萱.广州市城市道路绿化树种配置调查与评价[D].仲恺农业工程学院,2013.

[58] 肖荣波,王国恩,艾勇军.宜居城市目标下广州绿地系统规划探索[J].城市规划,2009(C00):64～68.

[59] 蔡彦庭,文雅,程炯,等.广州中心城区公园绿地空间格局及可达性分析[J].生态环境学报,2011,20(11):1647～1652.

[60] 杨雪.广州地区10种用于垂直绿化的植物绿化效果比较及种植基质筛选[J].广东园林,2015(5):36～40.

[61] 冯叶,魏春雨.城市街头边角空间设计[J].中外建筑,2010(6):132～133.

[62] 孟兆祯,陈晓丽.花园深圳·再创未来深圳特区风景园林创新发展论坛[J].风景园林,2016(6):18～25.

[63] 韩西丽,彼得·斯约斯特洛姆著.城市感知:城市场所中隐藏的维度[M].北京:中国建筑工业出版社,2016.

[64] 陈弘志.刘雅静.高密度亚洲城市的可持续发展规划:香港绿色基础设施研究与实践[J].风景园林,2012(3):55～61.

[65] 陈可石,崔翀.高密度城市中心区空间设计研究:香港铜锣湾商业中心与维多利亚公园的互补模式[J].现代城市研究,2011(8):49～58.

[66] 刘剑刚.城市活力之源:香港街道初探[J].规划师,2010(7):124～127.

[67] 肖希,李敏.澳门半岛高密度城市微绿空间增量研究[J].城市规划学刊,2015(5):105～110.

[68] 魏刚,蒋朝晖,岳欢.城市高密度地区公共空间整合改进策略研究:以澳门半岛地区为例[J].中国城市规划年会,2013.

[69] 余美萱,李敏.高密度城市绿色空间拓展途径研究:以澳门为例[J].福建林业科技,2014(3):161～166.

[70] Wang D,Gregory B,Zhong G P,Liu Y. Iderlina Mateo-BabianoFactors influencing perceived access to urban parks:A comparative study of Brisbane（Australia）and Zhongshan（China）[J].Habitat International,2015（50）:335～346.

第3章

[71] 姜晓军.浅谈城市景观中的人性化设计[J].园林园艺,2018:168.

[72] 仇保兴.紧凑度与多样性:我国城市可持续发展的核心理念[J].2006（11）:18-24.

[73] 李琳."紧凑"城市:高密度城市的高质量建设策略[M],北京:中国建筑工业出版社,2020:158.

[74] 傅一程,陈可石.基于生态保护与修复的景观设计策略研究[J].特区经济,2013(05):132～134.

[75] 程成.虚拟现实技术在风景园林设计中的应用[J].魅力中国,2016,

(042)：202.

[76] Sidenius U，Nyed P K，Stigsdotter U K. A new approach to nature consumption post nature-based therapy[J]. Alam Cipta，2020，13（Special issue 1）：48-51.

[77] 臧鑫宇，王峤.基于景观生态思维的绿色街区城市设计策略[J].风景园林，2017(4)：21～27.

[78] 赵亚琳，包志毅.居住区绿地空间的植物尺度与种植密度研究[J].现代园艺,2019：153～155.

[79] 沈莉颖.城市居住区园林空间尺度研究[D].北京林业大学,2012：255.

[80] 扬·盖尔著,欧阳文,徐哲文译.人性化的城市[M].中国建筑工业出版社,2010：77.

[81] 景观微评,景观空间尺度与序列布局｜分解[OL],2017,https：//www.sohu.com/a/212181071_763435.

[82] 城市园林绿化,景观设计中空间边界处理的十种可能 [OL],2019,http：//www.hgylj.com/ys/789.html.

[83] 陈思韵.植物界面在景观空间中的表现及其影响因素[J].华南理工大学建筑设计研究院,现代园艺,2015(8)：77.

[84] 林青青,何依.分形理论视角下的克拉科夫历史空间解析和修补研究[J].国际城市规划,2020,35(1)：71～78.

[85] 王丹,庄静霞.基于自然肌理和人文肌理的景观设计探讨[J]. 广州大学松田学院. 2016(15)：197～198.

第4章

[86] 邹经宇.多尺度的跨学科环境模拟与可持续城市规划和绿色建筑设计支持[A].中国城市科学研究会.2006 中国科协年会分会场：人居环境与宜居城市论文集[C].中国城市科学研究会,2006：13.

[87] 李丽,肖歆,邓小飞.以微气候营造为导向的绿道设计因素实测研究[J].风景园林,2020,27(7)：87～93.

[88] 南希·罗特,肯·尤科姆著,樊璐译.生态景观设计[M].大连：大连理工大学出版社,2014：18.

[89] 舒夏竺,周建芬,黄竞中.植物在惠州民俗中的应用及其文化意义[J].惠州学院学报,2017,37(05)：5～10.

[90] 张军民,崔东旭,阎整.城市广场规划控制指标[J].城市问题,2003(5)：23～28.

第5章

[91] 刘滨谊,鲍鲁泉,裘江.城市街头绿地的新发展及规划设计对策：以安庆市纱帽公园规划设计为例[J].规划师,2001(1)：76～79.

[92] 宋正娜,陈雯,张桂香,张蕾.公共服务设施空间可达性及其度量方法[J].地理科学进展,2010,29(10):1217～1224.

[93] 顾鸣东,尹海伟.公共设施空间可达性与公平性研究概述[J].城市问题,2010(5):25～29.

[94] 扬·盖尔著,何人可译.交往与空间[M].北京:中国建筑工业出版社,2002:134.

[95] 刘娇妹,李树华,吴菲,刘剑,张志国.纯林、混交林型园林绿地的生态效益[J].生态学报,2007,27(2):674～684.

[96] 姜国义.生态园林绿地建设中应用树木与草坪效果对比分析[J].防护林科技,2001(1):25～27.

[97] 范亚民,何平,李建龙,沈守云.城市不同植被配置类型空气负离子效应评价[J].生态学杂志,2005,24(8):883～886.

[98] 俞孔坚,李迪华,吉庆萍.景观与城市的生态设计:概念与原理[J].中国园林,2001,17(6):3～9.

[99] 严玲璋.可持续发展与城市绿化[J].中国园林,2003(4):44～47.

[100] 李树华.共生、循环:低碳经济社会背景下城市园林绿地建设的基本思路[J].中国园林,2010,26(6):19～22.

[101] 赵春丽,杨滨章.步行空间设计与步行交通方式的选择:扬·盖尔城市公共空间设计理论探析[J].中国园林,2012(6):39～42.

[102] 迈克尔·索斯沃斯著,许俊萍译.设计步行城市[J].国际城市规划,2012,27(5):54～64.

[103] 龚茵华.岭南地区居住区步行空间规划研究[D].广州:华南理工大学,2010:1.

[104] 李华威,穆博,雷雅凯,等.行道路带状绿地景观评价及功能分析[J].浙江农林大学学报,2015,32(4):611～618.

[105] 朱春阳,李树华,纪鹏.城市带状绿地结构类型与温湿效应的关系[J].应用生态学报,2011,22(5):1255～1260.

[106] 曾煜朗,董靓.步行街道夏季微气候研究:以成都宽窄巷子为例[J].中国园林,2014(8):92～96.

[107] 刘文庆.城市园林绿地生态系统功能及规划[J].现代园艺,2012(6):177.

[108] 纪鹏,朱春阳,李树华.城市沿河不同垂直结构绿带四季温湿效应的研究[J].草地学报,2012(3):456～463.

[109] 李敏.论城市绿地系统规划理论与方法的与时俱进[J].中国园林,2002(5):63～69.

[110] 狄育慧,林鹏,王智鹏.绿色垂直绿化建筑室内热环境分析[J].西安建筑科技大学学报(自然科学版),2014,46(4):554～556.

[111] 李娟.建筑物绿化隔热与节能[J].暖通空调,2002,32(3):22～23.

[112] 吕伟娅,陈吉.模块式立体绿化对建筑节能的影响研究[J].建筑科学,2012,28(10):46～50.

[113] 陈勇苗.垂直绿化的施工技术[J].建筑施工,2012,(11):1114～1115.

[114] 叶子易,胡永红.2010年世博主题馆植物墙的设计和核心技术[J].中国园

林,2012(2)：76～79.

[115] 李海英.模块式墙体绿化技术[J].建筑实践,2015(3)：54～58.

[116] 魏永胜,芦新建,赵廷宁.不同朝向的五叶地锦对墙体的降温效果及生理
机制[J].浙江林学院学报,2010,27(4)：518～523.

[117] 曾曙才,苏志尧,陈北光.广州绿地空气非离子水平及其影响因子[J].生
态学杂志,2007,16(7)：1049～1053.

[118] 穆丹,梁英辉.城市不同绿地结构对空气负离子水平的影响[J].生态学杂
志,2009,28(5)：988～991.

[119] 李辰琦,潘鑫晨.基于数值模拟分析的生态绿墙环境效应[J].沈阳建筑大
学学报(自然科学版),2014,30(2)：362～368.